中华水文化专题丛书

水与治国理政

◎ 毛佩琦 刘少华 魏天辉 翟志强 著

U0238361

中国水利水电出版社
www.waterpub.com.cn

内 容 提 要

　　本书主要围绕治水对于中国政治的影响展开，对中华历代水与治国的关系进行系统梳理和深入研究。内容分为中国独特的自然环境与频发的水旱灾害、水与国家的命运、"天人感应"灾异观下的水及其对国家政治的影响、中国水政管理制度、水与国家吏治、关乎国计民生的治水事业等，本书适合于水利行业职工、水文化研究学者、社会大众的阅读。

图书在版编目（ＣＩＰ）数据

水与治国理政 / 毛佩琦等著. -- 北京 ：中国水利
水电出版社，2015.6
　（中华水文化专题丛书）
　ISBN 978-7-5170-3862-7

　Ⅰ．①水… Ⅱ．①毛… Ⅲ．①水利工程－关系－政治
－研究－中国 Ⅳ．①TV②D6

中国版本图书馆CIP数据核字(2015)第290118号

书　名	中华水文化专题丛书 水与治国理政
作　者	毛佩琦　刘少华　魏天辉　翟志强　著
出版发行	中国水利水电出版社 （北京市海淀区玉渊潭南路1号D座 100038） 网址：www.waterpub.com.cn E-mail：sales@waterpub.com.cn 电话：（010）68367658（发行部）
经　售	北京科水图书销售中心（零售） 电话：（010）88383994、63202643、68545874 全国各地新华书店和相关出版物销售网点
书籍设计	李菲
排　版	中国水利水电出版社微机排版中心
印　刷	北京嘉恒彩色印刷有限责任公司
规　格	170mm×230mm　16开本　12.75印张　240千字
版　次	2015年6月第1版　2015年6月第1次印刷
印　数	0001—3000册
定　价	32.00元

《中华水文化书系》编纂工作领导小组

顾 问： 张印忠　中国职工思想政治工作研究会会长
　　　　　　　　中华水文化专家委员会主任委员
组 长： 周学文　水利部党组成员、总规划师
成 员： 陈茂山　水利部办公厅巡视员
　　　　　孙高振　水利部人事司副司长
　　　　　刘学钊　水利部直属机关党委常务副书记
　　　　　　　　　水利部精神文明建设指导委员会办公室主任
　　　　　袁建军　水利部精神文明建设指导委员会办公室副主任
　　　　　陈梦晖　水利部新闻宣传中心副主任
　　　　　曹志祥　教育部基础教育课程教材发展中心副主任
　　　　　汤鑫华　中国水利水电出版社社长兼党委书记
　　　　　朱海风　华北水利水电大学党委书记
　　　　　王　凯　南京市水利局巡视员
　　　　　张　焱　中国水利报社副社长
　　　　　王　星　中华水文化专家委员会副主任委员
　　　　　王经国　中华水文化专家委员会副主任委员
　　　　　靳怀堾　水利部海委漳卫南运河管理局副局长
　　　　　　　　　中华水文化专家委员会副主任委员
　　　　　符宁平　浙江水利水电学院党委书记

领导小组下设办公室
主　任： 胡昌支
成　员： 李　亮　淡智慧　周　媛　杨　薇　李晔韬　王艳燕　刘佳宜

《中华水文化书系》包括以下丛书：
《水文化教育读本丛书》
《图说中华水文化丛书》
《中华水文化专题丛书》

弘扬先进水文化
推进治水兴水千秋伟业
——《中华水文化书系》总序

　　水是人类文明的源泉。我国是一个具有悠久治水传统的国家，在长期实践中，中华民族创造了巨大的物质和精神财富，形成了独特而丰富的水文化。这是中华文化和民族精神的重要组成，也是引领和推动水利事业发展的重要力量。面对当前波澜壮阔的水利改革发展实践，积极顺应时代发展要求和人民群众期盼，大力推进水文化建设，努力创造无愧于时代的先进水文化，既是一项紧迫工作，也是一项长期任务。

　　水利部党组高度重视水文化建设，近年来坚持从水利工作全局出发谋划水文化发展战略，着力把水文化建设与水利建设紧密结合起来，与培育发展水利行业文化紧密结合起来，与群众性宣传教育活动紧密结合起来，明确发展重点、搭建有效平台、突出行业特色，有力发挥了水文化对水利改革发展的支撑和保障作用。特别是2011年水利部出台《水文化建设规划纲要（2011—2020年）》，明确了新时期水文化建设的指导思想、基本原则和目标任务，勾画了进一步推动水文化繁荣发展的宏伟蓝图。

　　水文化建设是一项社会系统工程，落实好规划纲要各项部署要求，必须统筹协调各方力量，充分发挥各方优势，广泛汇聚各方智慧，形成共谋文化发展、共建文化兴水的强大合力。为抓紧落实规划纲要明确的编纂水文化丛书、开展水文化教育等任务，中国水利水电出版社在深入调研论证基础上，于2012年组织策划"中华水文化书系"大型图书出版选题，并获得了财政部资助。为推动项目顺利实施，水利部专门成立《中华水文化书系》编纂工作领导小组，启动了编纂工作。在编纂工作领导小组的组织领导下，在各有关部门和单位的鼎力支持下，在所有参与编纂人员的共同努力下，经过历时一年的艰辛付出，《中华水文化书系》终于编纂完成并即将付梓。

《中华水文化书系》包括《水文化教育读本丛书》《图说中华水文化丛书》《中华水文化专题丛书》三套丛书及相应的数字化产品，总计有 26 个分册，约 720 万字。《水文化教育读本丛书》分别面向小学、中学、大学、研究生和水利职工及社会大众等不同层面读者群，《图说中华水文化丛书》采用图文并茂形式对水文化知识进行了全面梳理，《中华水文化专题丛书》从理论层面分专题对传统水文化进行了深刻解读。三套丛书既有思想性、理论性、学术性，又兼顾了基础性、普及性、可读性，各自特色鲜明又在内容上相互补充，共同构成了较为系统的水文化理论研究体系、涵盖大中小学的水文化教材体系和普及社会公众的水文化知识传播体系。《中华水文化书系》作为水利部牵头组织实施的一项大型图书出版项目，是动员社会各界人士总结梳理、开发利用中华水文化成果的一次有益尝试，是水文化领域一项具有开创意义的基础性战略性工程。它的出版问世是水文化建设结出的丰硕成果，必将有力推动水文化教育走进学校课堂、水文化传播深入社会大众、水文化研究迈向更高层次，对促进水文化发展繁荣具有十分重要的意义。

文化是民族的血脉和灵魂。习近平总书记明确指出："一个国家、一个民族的强盛，总是以文化兴盛为支撑的，中华民族伟大复兴需要以中华文化发展繁荣为条件。"水文化建设是社会主义文化建设的重要组成部分，大力加强水文化建设，关系社会主义文化大发展大繁荣，关系治水兴水千秋伟业。我们要以《中华水文化书系》出版为契机，紧紧围绕建设社会主义文化强国、推动水利改革发展新跨越，认真践行"节水优先、空间均衡、系统治理、两手发力"新时期水利工作方针，不断加大水文化研究发掘和传播普及力度，继承弘扬优秀传统水文化，创新发展现代特色水文化，努力推出更多高质量、高品位、高水平的水文化产品，充分发挥先进水文化的教育启迪和激励凝聚功能，进一步深化和汇集全社会治水兴水共识，奋力谱写水利改革发展新篇章，为实现"两个一百年"奋斗目标和中华民族伟大复兴的中国梦提供更加坚实的水利支撑和保障。

是为序。

陈雷

2014 年 12 月 28 日

　　文化，是一个国家和民族的灵魂和精神家园，是民族凝聚力和创造力的重要源泉，是国家发展和民族振兴的精神支撑，是衡量社会文明和人民生活质量的显著标志。文化是一种软实力，是一个国家或地区凝聚力、生命力、创造力、传播力、感召力和影响力的根基。人类历史充分表明，一个国家，一个民族，如果没有先进文化的积极引领，没有人民精神世界的极大丰富，没有全民族创造精神的发挥，就不可能屹立于世界民族之林。当今时代，文化在综合国力竞争中的地位日益重要，谁占据了文化发展的制高点，谁就能在激烈的竞争中更好地掌握主动权。灿烂的文化之花必然结出丰硕的经济之果。因此，提高国家文化软实力已成为重要的发展战略。

　　水文化，是以水为载体、以人与水的关系为纽带形成的一种独特的文化形态，是中华文化的重要组成部分。水是生命之源、文明之母、生产之要、生态之基。我们的祖先很早就以文化的眼光来看待水。早在2600多年前，管仲在《管子·水地篇》中说："水者，何也？万物之本原也，诸生之宗室也。"老子在《道德经》中说："上善若水，水善利万物而不争，处众人之所恶，故几于道。"孔子在《论语》中说："智者乐水"，如此等等，不胜枚举，都说明水具有显著的文化意义。

　　水文化，作为文化领域的一个重要方面，逐步成为全国乃至全球关注的热门话题。2006年，联合国为第十四个世界水日确定的主题为"水与文化"。水文化之所以越来越为人们所重视，是因为在当今社会中，人与水的矛盾、人类所面临的水问题，比以往任何一个时代都更为突出。为了实现人与水的和谐相处，在科技手段之外，需要借助文化的视野进行思考和定位。当前，我国水利事业正面临着前所未有的历史机遇和新的挑战。水利事业的发展需要以先进文化和科学理论为引领，形成新的工作思路，开创新的局面。加强水文化研究和建设正适应了现实社会的客观需求。

文化的功能不仅取决于其内容和形式的独特魅力，还取决于传播能力的强弱。20世纪人类最大的嬗变是文化传播对人类社会和人类生产生活的全面渗透。水文化在传播过程中有着增值功能，主要是继承和传播、选择和创造、积淀和享用。在水利部和财政部的大力支持下，由中国水利水电出版社组织各方力量，以庞大的阵容和宏大的规模实施的"中华水文化书系"及其数字化项目，对挖掘、整理、弘扬和传承先进的中华水文化具有重要的现实意义和深远的历史意义，是我国水文化传播史上的空前壮举。"中华水文化专题丛书"作为项目的三大丛书之一，选取博大精深的水文化中若干重大课题进行较为深入的探讨，对于深入了解中华水文化的丰富内容，构建中华水文化的理论体系有着十分重要的作用。经过广大作者的艰苦努力，"中华水文化专题丛书"终于同广大读者见面了，这是一件可喜可贺的大好事。

水文化的精髓是水的哲学和水的精神。我国著名学者北京大学教授王岳川，在美国马里兰大学和乔治梅森大学以"中国文化的美丽精神"为题的讲演中说："只有认识了中国文化中的几个'关键词'，才能认识中华文化。其中最重要的一个'关键词'就是水，因为水体现了中华文化精神的几大美德：公正、勇敢、坚韧、洁净；体现出了生命时间的观念。'水的哲学、水的精神'是中国人在人与人、人与自然、人与社会的和谐中把握自己本真精神的集中体现。了解了水文化，就了解了中华文明的根本。"

老子说"上善若水"，认为水具有"居善地，心善渊，与善仁，言善信，正善治，事善能，动善时"等七种美德；孔子说"智者乐水"，认为水具有"德、仁、义、智、勇、察、贞、善、正、度、意"等十一种美德。这些都是"水的哲学、水的精神"的生动体现。在波澜壮阔的新中国水利事业中发扬光大这些"水的哲学、水的精神",成为中华民族核心价值观的重要内容,成为一座照亮人们心灵的精神灯塔,在这种核心价值观和精神灯塔的照耀下,人们为国家、为民族、为事业、为自己去创造更加美好的未来。发扬光大中华水文化的哲学和精神,对建立我们对中华文化的自觉、自信和自豪,创新和发展先进的中华文化;对坚定中华民族追求"真、善、美"的信仰,重振民族精神雄风;对践行社会主义核心价值观,铸牢中华文化之魂都有十分重要的意义。

加强水文化建设是发展和繁荣水文化的根本途径。水文化建设不仅是水利行业的大事,也是全社会都应关注的大事。水文化和一般文化一样,有其落后和糟粕的一面,但我们倡导和弘扬的是先进和优秀的水文化,这种水文化的主旋律是一曲颂扬水伟大、水贡献、水精神的高亢赞歌,是一幅描绘人水相亲、人水和谐、人水共荣愿景的美好蓝图,是一部记述人们爱水、治水、管水、护水思想智慧的鸿篇巨制。因此,我们要大力加强水文化建设,促进水文化的发展繁荣。

为加强水文化建设,促进水文化的发展繁荣,就要通过大力传播水文化,动员和吸引全社会特别是水利行业的职工,更加积极地投入水文化建设的行列,有计划、有步骤地实施水文化建设的各项任务。在当前和今后一个时期,水文化建设任务的重点是:培育全社会"人水和谐"的生产生活方式,增强全社会的水意识;弘扬优秀的"水的哲学、水的精神",培育和践行社会主义核心价值观,全面提高人民思想道德素质和科学文化素质;践行"节水优先,空间均衡,系统治理,两手发力"的治水新思路,奋力开创水利事业新局面;不断充实民生水利的文化内涵,使水利工作真正做到保障民生、服务民生、改善民生;加强水生态文明建设,为建设"美丽中国"做出应有贡献;提高水工程的文化品位,满足人民精神文化需求;繁荣水文化事业,发展水文化产业,增强水文化实力;保护和整理优秀的水文化遗产,服务当代水利建设;加强水文化研究,构建水文化的理论体系;加强水文化教育和传播,扩大水文化在国内及国际上的影响力，为人类文明的进步做出更大贡献。

恩格斯在《自然辩证法》中说："一个民族想要站在科学的最高峰，就一刻也不能没有理论思维。"（《马克思恩格斯选集》第三卷 467 页）水文化研究正是一项艰苦的理论思维活动。一个拥有五千年中华文明，又在为实现中华民族伟大复兴的"中国梦"而奋斗的伟大民族，在攀登水文化科学最高峰中一定会大有作为！"中华水文化书系"及其数字化项目告成以及"中华水文化专题丛书"的出版，必将使水文化常青的理论之树开出鲜艳的实践之花，为推进我国水事业的改革发展、为建设社会主义文化强国做出新的贡献！

李宗新

2014 年 12 月

　　水是生命的基础，也是立国的根本。世界各大城市无不傍水而兴，各个国家无不依水而立。为了生存发展，治水成为各个国家的大政。国家因为治水而形成一套管理运行机制，这套机制又反过来影响了国家的休制和运行。

　　中华民族在利用水和与水的搏斗中生息繁衍，是由众多江河水系哺育的人群汇聚而成的。中华民族的第一个国家就是以治水事业为核心而组织运行的。大禹带领百姓治水成功，因而成了万人拥戴的大领袖。以后的数千年，不论何朝何代，水治则国兴，水患则国衰。水与治国的关系密不可分。

　　为了治水，举国上下倾尽全力。治水成为国家动员力、凝聚力的考验。治水的机构从中央到地方复杂而严密，治水的组织管理和运作成为一个庞大的体系。国家借助治水有效地实现了大一统，借助治水的机制有效地实现了对国家的管理。天下治乱、国运兴衰、吏治清浊，都与水的治理紧密相关。

　　中华先民不仅懂得防治水患，还会巧妙地用水，甚至改变自然地理，开挖人工河流。自邗沟、郑国渠到隋唐大运河、明清京杭大运河，这一贯通中华大地的人工水利设施成为一大景观而流淌至今。运河的开挖与管理运行在中国水利事业中形成了一个独特的系统，是国家治水用水施政的一个重要部分。

　　治水引导了历代治国者的理念，通过治水，历代治国者也摸索出了一套治国方略。治水就是治国。治水塑造了中华民族的品格，也体现了历代国家的品格。水的宽广包容，水的趣善向下，治水的顺势疏导，无不在历代优秀政治家的身上有所体现。治国者的虚怀纳谏，广纳贤才，体恤民生，乃至防民之口甚于防川、水可载舟亦可覆舟的理念无不从治水中得到启示。

在治水中所体现的中华传统文化是一份宝贵的财富。在重建中华民族的自尊心和自信心，重塑中华人文心理时，中华水文化可以提供宝贵的精神营养。对中华历代水与治国的关系进行系统梳理和深入研究，是继承弘扬这份宝贵财富的必要基础。前辈学者研究水文化的著述不胜枚举，而系统地研究水与治国的作品还不多。本书的写作承蒙"中华水文化专题丛书"丛书主编李宗新先生的盛邀。执笔者的本业都是中国历史研究，对于水利水政则不无隔行之感。但也或许因此而有不同的观察角度。希望这一跨行之作能不负邀请者的美意，做一个好的开端，以推动进一步的水与治国的研究。

毛佩琦

2015 年 1 月 14 日于北京昌平北七家村

目 录

弘扬先进水文化　推进治水兴水千秋伟业
——《中华水文化书系》总序

丛书序

前言

第一章　中国独特的自然环境与频发的水旱灾害　　　　　　　　**001**

第一节　独特的自然环境　　　　　　　　　　　　　　　002

第二节　历代频发的水旱灾害　　　　　　　　　　　　　013

第三节　水环境对治国理政的影响　　　　　　　　　　　020

第二章　水与国家的命运　　　　　　　　　　　　　　　　　　**025**

第一节　治水立国　　　　　　　　　　　　　　　　　　026

第二节　水与国盛民富　　　　　　　　　　　　　　　　036

第三节　水与国祸民殃　　　　　　　　　　　　　　　　054

第三章　"天人感应"灾异观下的水及其对国家政治的影响　　　**067**

第一节　"天人感应"灾异观的产生和发展　　　　　　　068

第二节　水崇拜与国家政治　　　　　　　　　　　　　　075

第三节　水与皇帝的朝政革新　　　　　　　　　　　　　084

第四章　中国水政管理制度　　　　　　　　　　　　　　　　　**101**

第一节　水政管理机构　　　　　　　　　　　　　　　　102

第二节　水利法规和制度　　　　　　　　　　　　　　　　　　118

第五章　水与国家吏治　　　　　　　　　　　　　　　　　　**133**

第一节　水与吏治腐败　　　　　　　　　　　　　　　　　　134
第二节　水与吏治清明　　　　　　　　　　　　　　　　　　147
第三节　水与朝政治乱　　　　　　　　　　　　　　　　　　155

第六章　关乎国计民生的治水事业　　　　　　　　　　　　　**169**

第一节　中国古代的防洪抗旱活动　　　　　　　　　　　　　170
第二节　运河的开凿　　　　　　　　　　　　　　　　　　　172
第三节　历代漕运活动和管理　　　　　　　　　　　　　　　180
第四节　治水新纪元　　　　　　　　　　　　　　　　　　　185

第一章

中国独特的自然环境
与频发的水旱灾害

第一节　独特的自然环境

中国幅员辽阔，自然条件复杂，形成了独具特色的地理环境，它是我们赖以活动的物质基础。我们的一切活动都是在这一前提之下展开的。今天我们已经充分认识到地理决定论的弊端，但我们也无法否定它对人类社会的发展所起的作用。地理条件，尤其是受气候条件影响而形成的地区河流水文状况，为中国水利事业的发展提供了现实条件。中国的先贤正是在这一现实条件下开展水利活动的。

一、地理环境

从世界地图上看，中国处于世界最大的大陆——亚洲大陆的东南部，濒临世界最大的海洋——太平洋的西部。从纬度位置看，我国领土南北跨度很广，最东端在黑龙江与乌苏里江主航道中心线的相交处（东经135°0′30″），最南端在南沙群岛中的曾母暗沙（北纬3°51′），最西端在新疆的帕米尔高原东部（东经73°22′），最北端在黑龙江省漠河以北的黑龙江主航道的中心线上（北纬53°31′）。

我国陆地面积为960多万平方千米，约占世界陆地面积的6.5%，占亚洲面积的25%，仅次于俄罗斯和加拿大，居世界第三位（见下表）。

中国陆地面积与部分国家的比较

国　名	陆地面积/千米²	面积比较（中国为1）	占世界面积的比例/%
俄罗斯	17075400	1.78	11.4
加拿大	9976139	1.04	6.7
中国	9600000	1.00	6.5
美国	9372614	0.98	6.3
巴西	8511965	0.89	5.7
澳大利亚	7682300	0.80	5.2
印度	2974700	0.31	2.2
哈萨克斯坦	2721730	0.28	1.8

国　名	陆地面积 / 千米²	面积比较（中国为 1）	占世界面积的比例 /%
沙特阿拉伯	2149690	0.25	1.4
印度尼西亚	1904570	0.20	1.3
法国	551600	0.06	0.37
日本	377750	0.04	0.25
英国	244100	0.03	0.16

资料来源：见页下注①。

我国陆地疆界约 2.2 万千米，与我国接壤的国家有 14 个，分别是朝鲜、俄罗斯、蒙古、哈萨克斯坦、吉尔吉斯斯坦、塔吉克斯坦、阿富汗、巴基斯坦、印度、尼泊尔、不丹、缅甸、老挝和越南，与我国隔海相望的国家有 6 个，分别是韩国、日本、菲律宾、马来西亚、文莱和印度尼西亚。我国陆疆邻边的省（自治区）有 9 个，分别是辽宁、吉林、黑龙江、内蒙古、甘肃、新疆、西藏、云南和贵州，我国的海域自北而南有渤海、黄海、东海、南海以及台湾以东的太平洋区。我国领海宽度为 12 海里。面积在 500 平方米以上的岛屿有 6500 个，总面积近 8 万平方千米，其中 450 多个岛屿上有常住人口 3000 万。水深在 200 米以下的大陆架面积为 146.6 平方千米。①

地貌是自然地理环境的一个重要组成部分。大的地貌单元构成自然地域的分界线。地貌在自然区划低级单元划分时常成为主导因素。今天卫星遥感图像技术可以清楚地为我们呈现中国地貌特征：

1. 地势西高东低，呈阶梯状分布

中国自西向东倾斜的地形面，由东、西两列山岭所分隔，形成三级阶梯（见下表）。

我国上述地势有利于海洋湿润气流向内地推进，为我国广大地区带来较为丰沛的降水。它从总体上决定我国河流从西往东的流向。三大阶梯海拔差异明显，为我国提供了丰富的水能资源，也为通过河流进行东西往来提供便利。

陆地是中国先人活动的主要地区。第三级阶梯再往东，是与大陆相联系的海洋大陆架和海岛。古代中国很早就开始了开发利用海洋资源，春秋时期管仲相齐时，就充分借助了靠近海洋的地理优势，大力追求鱼盐之利。这是齐桓公称霸的一大经济因素。《汉书》中曾记载汉朝的使者到达过东南亚。此后南方海疆生活的人们长期以来致力于海洋开发。明代郑和下西洋的壮举更是将我国

---

① 赵济，陈传康. 中国地理. 北京：高等教育出版社，1999：4.

的航海事业推向顶峰。今天占地球表面积 71% 的海洋越来越受到重视，我国领海丰富的水产、矿藏资源目前正在成为开发利用的目标。2014 年 3 月 5 日，国务院总理李克强在政府工作报告中提出，海洋是我们宝贵的蓝色国土。要坚持陆海统筹，全面实施海洋战略，发展海洋经济，保护海洋环境，坚决维护国家海洋权益，大力建设海洋强国。这标志着我国实现了海洋战略的全新定位，决心建成海洋强国的雄心壮志。

中国地势三级阶梯表

阶梯	海拔	主要地貌类型	主要地貌区
第一级	4000 米以上	高原、高大山脉、宽谷	青藏高原（包括柴达木盆地）
分界线：昆仑山—祁连山—岷山—邛崃山—横断山			
第二级	1000 ~ 2000 米	高原、山地和大型盆地	准噶尔盆地 塔里木盆地 四川盆地 云贵高原 内蒙古高原 黄土高原
分界线：大兴安岭—太行山—巫山—雪峰山			
第三级	大多 500 米以下	丘陵和平原	辽东丘陵 山东丘陵 江南丘陵 东北平原 华北平原 长江中下游平原

2. 地貌复杂多样，类型齐全

与三级阶梯的地势特征相联系的是我国地貌特征的复杂多样。我国地貌类型包括山地、高原、丘陵、平原和盆地。

它们各自面积在国土面积中所占的比例见下表：

中国地貌类型面积比例表

形态地貌类型	高原	山地	盆地	平原	丘陵
占比 /%	26	33	19	12	10

我国拥有四大高原、四大盆地、三大平原，它们总体上自西向东分布。

四大高原分别是：①青藏高原：北面昆仑山、阿尔金山、祁连山，东面岷山、邛崃山、锦屏山，南侧喜马拉雅山；②云贵高原：西面雪峰山，南面大娄山，东面哀牢山；③内蒙古高原：西面乌鞘岭，东面大兴安岭，南面阴山、长城，北面蒙古；④黄土高原：北起长城，南界秦岭，西至青海湖，东到太行山。

四大盆地分别是：①塔里木盆地：我国最大的盆地，处于天山和昆仑山、阿尔金山之间；②准噶尔盆地：我国第二大盆地，位于天山与阿尔泰山之间；③柴达木盆地：海拔最高，四周为昆仑山、阿尔金山、祁连山所环抱，被称为"聚宝盆"；④四川盆地：素有"天府之国"的美誉，又称为"红色盆地"或"紫色盆地"，位于青藏高原以东、巫山以西，南北介于大娄山与大巴山之间。

三大平原分别是：①东北平原：位于燕山以北，大小兴安岭与长白山之间，是我国最大的平原，特征是黑土曲枳大，沼泽分布广；②华北平原：北面是燕山，南面是大别山，西起太行山和伏牛山，东抵山东丘陵与黄渤海，特征是地上河与河间洼地相间分布；③长江中下游平原：位于巫山以东的长江中下游沿岸，特征是地势地平，湖泊密布，河渠稠密，水田成片。

地貌类型齐全为我国因地制宜，发展农、林、牧等多种经营提供了有利条件。中国社会抗灾能力强，很大程度上得益于多样的地貌类型。在大一统王朝尤其如此。一种极端的地质灾害、气象因素等很少会对所有类型的地貌都产生极端影响。这时即可由未受灾的地貌类型地区支援受灾地区。丰富多样的地貌类型还通过影响人们的生产生活方式，进而影响不同地区的社会习俗和精神生活，造就了中国丰富多彩的地区文化和民族文化。

3. 山地面积广，地势高差大

我国山区面积约占全国国土面积的 70%（含高原和丘陵面积）。这些山地有的环抱高原、盆地或丘陵，如青藏高原基本上是由雄伟高峻的大山脉所组成，四川盆地是一个丘陵性的盆地；有的为山丘所穿插，如云贵高原最为典型，高原上山水相连，峰峦重叠。

我国不仅山地面积广，而且地势高差大（见下表）。若以兰州至昆明自北向南划线的话，此线以东多为海拔在 500 ~ 2000 米之间的中山和低山。其中，台湾地区的山脉高峻挺拔，海拔 3000 米以上的山峰达 62 座。特别是玉山山脉主峰海拔高度达 3950 米，成为我国东部的最高峰。此线以西，绝大部分为海拔 3500 ~ 5000 米以上的高山。其中，喜马拉雅山的珠穆朗玛峰（海拔 8848.13 米），为我国也是世界最高峰。而我国的最低地——新疆吐鲁番盆地艾丁湖以东 25.6 千米处的钟哈萨低地，海拔为－293米。两者相比，相对高差达9140多米，可见我国地势高差之大。此外，我国西部的青藏高原与东部平原相比，相对高差也达数千米。即使仅就我国东部地区来看，低山丘陵与平原的相对高差也达数百米。

中国领土面积按海拔高度分配表

海拔高度／米	< 500	500～1000	1000～2000	2000～5000	> 5000
占全国总面积／%	16	19	28	18	19

山区面积广使我国森林、矿产资源丰富，便于发展林业、采矿业；中草药丰富，可大力发展中草药加工业；动物资源丰富，可发展旅游业；广大的高山草地，可以发展畜牧业养殖业。此外，还可利用地势高差大为我国水利发电提供便利条件。但是以上特征也带来了诸多不利因素。如山区地面崎岖、交通不便，所以对于多山的蜀地，古人有"蜀道之难，难于上青天"的感慨。而交通等基础设施建设难度大，阻碍了山区经济的发展；山地耕种难度大，对农业生产不利。此外，地势高差大还容易造成水土流失严重，发生山体崩塌、滑坡、泥石流等自然灾害。因此在开发利用山区时，要特别注意生态环境的建设和保护，预防和避免自然灾害的发生，实现社会、经济和生态的协调发展与可持续发展。

4. 山脉定向排列，地形呈网格状分布

众多的山脉构成我国地形的骨架，其排列方向具有一定的规律（见下表）。总体来看，东西走向和东北—西南走向的山脉较多，而西北—东南走向和南北走向的较少。

中国骨架山脉定向排列表

山脉走向	骨　架　山　脉
东西走向	北列：天山—阴山—燕山
	中列：昆仑山—秦岭—大别山
	南列：南岭
东北—西南走向	西列：大兴安岭　太行山　巫山　雪峰山
	中列：长白山　武夷山
	东列：台湾山脉
西北—东南走向	喜马拉雅山、阿尔泰山、祁连山、小兴安岭
南北走向	贺兰山、六盘山和横断山脉

上述众多山脉纵横交错，把我国领土分隔成镶嵌着高原、盆地、平原和湖泊的众多网格，形成了我国地貌网格状分布的特征。这种山脉分布特征和由此形成的网格状分布的地貌特征对我国水文、气候等方面都产生了重要影响。在水文方面，我国山脉的东西走向决定了我国西高东地的地势特征，从而导致我国长江、黄河等主要河流自西向东的流向。在整个自西向东的流域内，它们还会受到山脉走势的影响，在局部体现出东南流向或东北流向，河流时而平缓，时而奔腾，时而广阔，时而狭窄的特征。此外，山脉还成为了河流的分水岭。如秦岭山脉是黄河和长江的分水岭，南岭山脉是长江和珠江的分水岭。

二、气候环境

气候是一个地区较长时间范围内冷、暖、干、湿等气象要素和天气现象的综合反映。我国早在先秦时代已经有了关于气候的记载，如"日往则月来，月往则日来，日月相推而明生焉。寒往则暑来，暑往则寒来，寒暑相推而岁成焉"[①]，反映了古人对自然气候演变规律的正确认识。而《诗经·国风·豳风》中关于"七月流火，九月授衣"的记载则是古人已经掌握了星体变化与气候之间关系的明证。而唐代诗歌"燕草如碧丝，秦桑低绿枝"的咏叹是南北气候差异的反映。"羌笛何须怨杨柳，春风不度玉门关"则反映了玉门关特殊的气候条件。我国二十四节气的产生和长期的运用充分说明了古人对气候的关注是和当时的生产生活紧密结合在一起的。

对于中国人所处的气候条件，英国历史学家汤因比曾这样形容："人类在这里所要应付的自然挑战要比两河流域和尼罗河的挑战严重得多。人们把它变成古代中国文明摇篮地方的这一片原野，除了有沼泽、丛林和洪水的灾难之外，还有更大得多的气候上的灾难，它不断在夏季的酷热和冬季的严寒之间变化。"[②]

1. 季风气候显著

季风是指大范围地区冬夏的盛行风向及其相应的盛行气团和天气、气候特征随季节具有明显变化的现象（见下表）。我国是世界上季风现象明显的地区之一，大部分地区属于季风气候区。

夏季有来自海洋的海洋性气团，具有海洋性气候的特点，湿热而多雨；冬季有来自大陆的极地大陆气团，具有大陆性气候的特性，寒冷而干燥。

① ［魏］王弼，［晋］韩康伯注，［唐］孔颖达疏，陆德明音义. 周易注疏. 上海：上海古籍出版社，1989：273.

② ［英］阿诺尔德汤因比. 历史研究（上）. 曹未风，等译. 上海：上海人民出版社，1996：92.

夏季风和冬季风对比表

季风名称	源地	风向	特点	影响范围	对气候的影响
夏季风	太平洋、印度洋	东南风、西南风	温暖湿润	大兴安岭—阴山—贺兰山—巴颜喀拉山—冈底斯山一线以东以南地区	影响我国降水量的时空分布；活动异常时易发生水旱灾害
冬季风	蒙古、西伯利亚一带	西北风、东北风	寒冷干燥	除青藏高原、云贵高原、中国台湾、海南岛以外都受影响	加剧北方的严寒，使南北温差加大；寒潮带来严寒、大风、霜冻等恶劣天气

受季风气候影响，我国的降水具有以下两大特征：①每年6月至8月，我国多数地区处于夏季风作用下的雨季。这一时间段雨量非常集中，约占全年降水量的50%，甚至50%以上。而且在这一时段，夏季风把海洋上空的水汽输送到大陆上空，全国各地的相对湿度较大。②受夏季风影响的强弱程度不同，会导致同一地区不同年份的降水量变化程度较大。此外，我国冬季风也很强盛，冷空气侵袭频繁，与同纬度的欧洲相比，我国冬季气温要低得多。

2. 大陆性气候特征明显

大陆性气候是指受大陆热力变化大、水分少所影响的气候。在我国，大陆性气候强主要表现为大多数地方冬季寒冷干燥，夏季暖热多雨；与同纬度其他地区相比，冬温偏低，夏温偏高，气温年较差大；降水分布很不均匀。主要表现在年降水量自东南向西北逐渐减少，比差为40：1。在季节分配上，冬季降水少，夏季降水多，且年际变化很大。以上特征使降水过分集中在夏季，造成春旱、夏涝的几率很高；降水的年际变化大，水旱灾害也会增多。

3. 气候类型复杂多样

我国气候类型丰富多样。从总体上看，东部为季风气候，包括热带季风气候、亚热带季风气候、温带季风气候。西北为温带大陆性气候。季风区与非季风区以大兴安岭—阴山山脉—贺兰山—巴颜喀拉山脉—冈底斯山脉一线分界。青藏高原为高原高山气候。按地形来说，有山地气候和盆地气候，有丘陵气候和谷地气候等。按照水分条件，由东南向西北，又有湿润、半湿润、半干旱和干旱之别。按照气温分布，从南到北有南热带、中热带、北热带、南亚热带、中亚热带、北亚热带、南温带、中温带、北温带（寒温带）等九个温度带和一个高原气候区。这个气候特征使我国的农作物种类齐全，各种动植物资源极其丰富。

4. 雨热同期，水热配合好

雨热同期即降水集中期与高温期重合，也就是我们通常所说的夏季高温多雨。这利于作物、牧草、森林的生长及农牧业生产。但气候的稳定性差，旱涝、低温、冻害、台风、冰雹等气候灾害发生的频率高，影响范围广，加重了防灾减灾的任务。

我国上述气候特征形成的主要因素包括以下几方面：①我国地域范围广，南北跨纬度相差 50 度，导致热量差异很大；②海陆位置差异大，中纬度地区离海远近不同，导致降水差异大；③受季风影响，冬季风干冷，加剧北方严寒；夏季风暖湿，带来丰沛降水；④受地形差异影响，导致迎风坡多雨，背风坡少雨；地势高差大，导致同一纬度温差大。以上因素导致我国降水、温度等气候条件复杂，差异性大，从而形成了以上气候特征。

气候对我国历史发展起到了非常重要的作用。我国气候的多样性，导致我国自古以来就是农林牧副渔多种经济经营形式。而中国文化的多样性首先源于生产形式的多样性。其中农业在中国古代经济中占主导地位。农业的发展和气候的关系非常密切。特别是在原始农业阶段，人类改造自然的能力有限，气温、降水等气候因素决定了农业的发展水平。中国农业首先在黄河流域中部发展起来，就和此地的自然气候条件直接相关。黄河中游水量不像上游那么有限，可能无法供给需要，也不像下游那么过于充足，容易造成水患。这里光照充分，但不如南方那么强烈，也不如北方那么不足。可以说这里的光照、气温和水利条件对于原始农业的发展来说恰到好处，所以这里成为了中华文明的摇篮。但是到了后来随着铁器工具的采用，北方利用人类改造自然能力的提升，开始逐步克服自然气候条件不足的限制，使农耕区向北方拓展。而南方则充分发挥了光照充分，雨水充沛，土质肥沃等有利条件，使我国的经济重心在南北朝时期向南方转移。至南宋时期，南方开始成为中国经济的中心带，以致出现"苏湖熟，天下足"的评价。

南方经济超过北方后，古代定都北方的统治者，为取得南方物资支持，利用自然河流，开挖人工河道，形成运河，发展漕运，将南方的物资源源不断地运送至京城，形成了中国历史上著名的运河文化。这种文化是在我国自然气候基础上，融合社会政治、经济因素才得以形成的。

三、河流分布

我国是一个山高水长，河流众多的国家，流域面积在 1000 平方千米以上的河流大约有 1500 多条，流域面积在 100 平方千米以上的河流大约有 50000 多条。如果把我国所有的天然河流连接起来，其长度可绕地球赤道 10 圈半。

河流与人们的生活息息相关，其重要性体现于以下几方面：

首先，河流水资源是我国工农业和生活用水的主要来源。我国平均每年拥有27115亿立方米的河川径流量，多年平均水资源总量（包括河流水资源和地下水资源）为28124亿立方米，水能蕴藏量达6.8亿千瓦，居世界第一位。

其次，河流还为人类提供了航运条件。在铁路和公路运输发展以前，河流是运输物资的主要途径。我国河流的通航里程在11万千米以上，其中仅长江干支流的通航里程就达7万千米。此外，河流所塑造的河谷还是公路和铁路最容易通行的地段。

再次，河流还是一种旅游资源，雄伟壮丽的长江三峡、气势磅礴的黄河壶口瀑布和珠江支流上的黄果树瀑布都是我国著名的旅游胜地。

最后，河流不仅与现代人的生活生产密切相关，而且对古代文明的产生和发展都做出了突出贡献。很难想象，假如没有四大文明古国的河流，文明会变成什么样的形态。此外，我国许多城镇和居民点分布在江河湖泊沿岸，就与河流有着重要关系。[①]

我国古代地理书已大量记载古代的河流概况。《诗经·大雅·公刘》中有"相其阴阳，观其流泉"的诗句，《礼记·学记》中曾说："先王之祭川也，先河而后海，或源也，或委也。此之谓务本！"春秋战国时期的《山海经》《尚书·禹贡》《周礼·职方》都比较集中地记述了我国古代的河流。但《山海经》因传说色彩浓厚而显得荒杂。《禹贡》《职方》较为可信，但过于笼统，只具轮廓。即使后来的《史记·河渠书》《汉书·沟洫志》记述也不详备。公元6世纪，北魏时郦道元足迹踏遍长城以南、秦岭以东的中原大地，积累了大量的实践经验和地理资料，所著《水经注》一书，共40卷，记录河流1252条，达30万字。我国历代正史地理志和地方志中都以地方行政区划为基础记述了各自地方的河流概况。此外，我国古代还因农田水利、防洪灌溉的需要也保留了大量相关河流的资料。它们不仅反映了我国古代对于河流的关注，同时也为我们今天研究古代河流和水利提供了宝贵的经验。

1. 中国的外流河和内流河

我国河流如按最终注入大海与否，可将其划分为两大类：我们把注入海洋的河流称作外流河；把注入封闭的湖沼或消失于陆地，不与海洋沟通河流称作内陆河（或内流河）。我国外流流域面积占全国河流流域面积的64%，内陆流域面积占36%。从世界范围来看，我国外流流域面积所占的比重并不大，低于世界78.5%的平均值，内陆流域面积则高于世界21.5%的平均值。[②]

①② 熊怡，等. 中国的河流. 北京：人民教育出版社，1991：1-3.

我国外流河的流向大都以青藏高原为顶点所形成的三个斜面为起始地，分别向东、南、北三个方向注流入海洋。其中向东的斜面从青藏高原一直伸展到太平洋，占据我国大部分的国土面积，形成了我国西高东低的地势总特征。这也造成了我国河流的主要流向是自西向东，它们分别注入太平洋西岸的各个海域，其流域面积占全国总面积的 56.9%。青藏高原的南部斜面延伸至印度洋流域，占我国国土面积的 6.5%。发源于我国的向南的河流都流经邻国分别注入印度洋的不同海域。青藏高原的北部斜面属于北冰洋流域，分布在我国西北一隅，面积就更小，仅占全国面积的 0.6%。属于北冰洋的只有额尔齐斯河一条河流。它是鄂毕河的源流之一，流经西伯利亚注入北冰洋的喀拉海。

我国内陆流域以北起大兴安岭西麓，基本上沿东北至西南方向，经阴山、贺兰山、祁连山、日月山、巴彦喀拉山、念青唐古拉山和冈底斯山，而止于青藏高原西南缘一线为界，分布于此线以东的河流基本上属于外流流域，此线以西的河流基本上属于内陆流域，主要分布在干旱地区和青藏高原内。但受我国复杂地理和气候特征的影响，也会有部分例外。如嫩江中下游的沿河洼地，鄂尔多斯高原北部以及雅鲁藏布江南侧的一些以封闭的湖盘为中心的内陆水系。同样在内陆区域内，也有面积不大的外流区，如新疆南部喀喇昆仑山的奇普恰普河。

此外，河流的内陆区和外流区的范围不仅可以扩大或缩小，而且内陆河和外流河还会相互转化。例如，滦河在多伦以上的闪电河，原先是从南向北流的内陆河，后来随着滦河的溯源侵蚀，把它变成了外流河。但也有相反的情况，在青藏高原上有些现在以湖盘为中心的内陆水系，在第四纪早期则是外流水系。后来由于气候变干，湖面下降，因而成为封闭的内陆水系。例如，西藏的拉昂错早先是与外流的朗钦藏布相通的，后来由于湖面下降，就成为了内陆水系。结果是外流区域缩小了，而内陆区域扩大了。西南有些内陆河在地质时期也曾经是外流河，例如，祁连山北坡的黑河。[①]

2. 中国河流的分布

我国河流众多，但在地区上分布很不均衡，它们主要集中在长江水系、黄河水系、珠江水系、淮河水系、辽河水系、海河水系和松花江七大水系的流域范围内，共 860 多条，占 1000 平方千米以上的河流总数的 57%。绝大多数河流分布在东南部外流区域内，而内陆区域内的河流很少。尤其在内蒙古西部的阿拉善高原、新疆的准噶尔盆地、塔里木盆地以及青海柴达木盆地等中心，为无流区，没有成形的河流。

---

① 熊怡，等 . 中国的河流 . 北京：人民教育出版社，1991：4-5.

造成我国河流分布不均的自然地理因素主要是气候和地形。从气候因素来看，我国东部和南部受东南季风和西南季风的影响，降水丰沛，径流量大，为水网发育提供了有利条件，河流多而长，形成了庞大的水系，长江和黄河都超过了 5000 千米。我国西北地区和藏北高原，气候干燥，降水量少，蒸发旺盛，径流贫乏，水系的发育受到了很大限制，河流少而短小，绝大多数河流的长度只有二三百千米，最长的塔里木河也只有 2000 千米。

从地形因素来看，由西向东逐级下降的阶梯状地形，对我国河流的发育产生了深远影响，三个地形阶梯之间的交界地带，是现代最突出的三个隆起带，也是我国外流河的三个主要发源带。第一阶梯青藏高原东、南边缘是我国主要河流的发源地，如长江、黄河、澜沧江、怒江和雅鲁藏布江等都是源远流长的巨大江河，不仅是我国而且也是世界著名的河流。第二阶梯东缘，即大兴安岭—冀晋山地—云贵高原连线地区是我国次一级河流的发源地，主要有黑龙江、辽河、滦河等。除黑龙江外，无论就长度、流域面积或水量都不及源自第一阶梯的河流。第三阶梯，即长白山地—山东丘陵—东南沿海山是我国再次一级河流的发源地，主要是图们江、鸭绿江、沂河、沭河、钱塘江、瓯江、闽江、九龙江和韩江、东江和北江等。这些河流的长度和流域面积虽较上述两类小，但因面临海洋，降水量多，径流量丰富。[①]

水是生命之源，河流哺育和滋养了依水而居的中华民族。梁启超曾说："凡人群第一期之文化，必依河流而起，此万国之所同也！"蒙文通先生在《古史甄微》提到中华文明起源时，对我国上古人群区系进行了江汉民族、河洛民族、海岱民族的划分。这种划分方法突出体现了梁启超的观点。对于农业民族而言，"水利是农业命脉！"我们祖先不断利用自然河流，发展水利灌溉技术，提高农业生产水平。以农业为基础形成了我国独具特色的社会面貌。随着学者研究的逐步深入，对河流在中国社会发展的地位和作用也越来越受到重视。如美国施坚雅（G.William Skinner）教授对于中国城市史的研究提出了宏观区域学说，他打破对中国地域分析的传统行政分区方法，而是以中国的水系和周围的山脉所形成的天然界标作为划分的主要标准。据此他将 19 世纪的中国划分为九大区域。[②]

今天，我们已充分认识河流的重要性。加强对河流的治理和保护，对我们未来经济社会的发展依然具有重大意义。但是我国目前的现状并不容乐观。据统计，中国海河、黄河、辽河、淮河的水资源开发率分别达到了 90%、70%、65%、60%，均远超国际公认的 40% 警戒线，河流功能退

---

① 熊怡，等.中国的河流.北京：人民教育出版社，1991：5-7.

② 赵毅.施坚雅宏观区域学说论述.明清史抉微.长春：吉林人民出版社，2008：440-455.

化已成为制约中国经济社会发展的瓶颈之一，并且带来了许多隐性灾难。[1]今天，学术界提出"人水和谐"的概念，"人类必须限制和规范自己的行为，尊重水的运动规律和自然属性，确保人与水和谐相处"。"人水关系的调整特别是人水矛盾的解决主要通过调整人类的行为来实现，需要调整好社会关系，合理分配不同地区、不同部门、不同用水户间的用水量、排污量和应承担的责任，规范人类的取用排节水行为等，既要共享水资源又要共同承担保护水资源的责任"。[2]

第二节　历代频发的水旱灾害

我国是个以农立国的文明古国，农业发展历史久远。自从先民们掌握了植物栽培技术，农业在我国就出现了。水作为农业的必备条件，在农业生产中占据了举足轻重的地位。当代学者邓拓在《中国救荒史》中指出：中国在20世纪40年代之前的"此三千数百余年间，几于无年无灾，从亦无年不荒；西欧学者，甚有称我国为'饥荒之国度'者，诚非过言。"根据他的统计，公元前18世纪至20世纪40年代，中国有记载的水灾1058起，旱灾1074起，约占全部灾害的40%以强，[3]因而成为中国最为主要的自然灾害。

频繁的水旱灾害和由之而起的虫灾、饥荒和瘟疫等灾荒，往往导致"白骨露于野，千里无鸡鸣"的惨象时有发生。中国古时历代水旱灾害主要见诸历代正史《五行志》、地方志等书籍中，现分水灾和旱灾两部分概要介绍。

邓拓（笔名邓云特）所著
《中国救荒史》

一、水灾的频发

1. 中国古代的水灾

大禹治水的故事是远古时期的先民们与水患灾害进行斗争的集中反映。从一定意义上说，中

① 李国英.河流伦理.人民黄河，2009（11）.

② 左其亭.人水和谐论——从理念到理论体系.水利水电技术，2009（8）.

③ 邓拓文集·第二卷.北京：北京出版社，1986：41.

华民族与洪涝灾害作斗争而不断前进的历史，就是一部中华民族的发展史。据说在五千年以前，"当尧之时，天下犹未平，洪水横流，泛滥于天下"。①尧先后命鲧和禹父子负责治水。鲧用堵塞的方法，花了九年时间也没能制服洪水而被尧处死。禹用疏导之法，经过十三年的艰苦努力，终于把洪水引入大海，使河水畅通无阻，治水取得成功。通过这个故事可以看出为治水，鲧、禹父子前后花了二十二年时间，可见当时水患之烈。据考证，当时正值地质史上最近一次冰河期的结束之际。大地回暖，气候湿润，地形复杂，洪水横流，泛滥成灾。据此推测，当时以水灾为主，所以商朝前期盘庚迁殷是因为避免水患的说法是有一定道理的。

大禹治水

当人类进入阶级社会后，随着用水、治水经验的丰富，农业取得了发展。但是人类生产、生活的发展，特别是对生态环境的破坏，成为水患产生的一大诱因。据学者统计，从西汉至南北朝的 785 年的时间内共发生水灾 162 次，平均每 4.8 年一次。隋、唐、五代十国时期，有据可查的水灾达 163 次，平均每 2.3 年发生一次水灾。这一时期水灾发生的频率较前一个历史时期的发生频率平均高了近一倍。此后，国祚只有 37 年的隋朝发生过 9 次水灾。唐朝发生水灾 100 次，平均每 2.89 年发生一次。宋王朝从宋太祖建隆元年（960 年）到宋帝昺祥兴二年（1279 年）的 319 年，就有 297 年发生自然灾害，占其统治年数的 93.1%。仅有 22 年风调雨顺，占 6.897%。较之中兴时代的唐王朝，其自然灾害的频率显然高多了。唐朝从唐高祖武德二年（619 年）到唐哀帝天祐四年（907 年）的 288 年，有 241 年发生自然灾害，占 83.68%，有 47 年无自然灾害的记录，占 16.3%。宋朝发生过 232 次水灾，其中有 57 次是河堤决口。元朝从忽必烈改国号为元的 1271 年到 1367 年（元朝灭亡）的 96 年时间，年年发生自然灾害，多数年份是一年数灾，其

---

① 杨伯峻. 孟子译注（上册）. 北京：中华书局，1960：124.

中发生水灾 116 次，平均每年发生 1.19 次，大小河堤决口 33 次。宋、元、明、清四个朝代发生自然灾害二十种以上。但发生次数多、为害面广、牵涉面大的是水灾、旱灾、虫灾、饥荒。据统计，四个朝代的 951 年时间，共发生水灾 1042 次，平均每年发生 1.09 次。明朝发生水灾 278 次，平均每年发生 1 次，大小河堤决口 34 次。清朝发生水灾 416 次，平均每年 1.4 次，大小河堤决口 15 次。[①]

宋元明清水害次数统计表

朝 代	统治起止年	统治时间 / 年	水灾次数
宋	960—1270	319	232
元	1271—1368	97	116
明	1368—1644	276	278
清	1616—1911	295	416
合计		951	1042

资料来源：据《中国历代自然灾害及历代盛世农业政策资料》统计制表，农业出版社，1988 年。

2. 中国 20 世纪以来的水灾

回顾人类刚刚经过的 20 世纪，共出现了三个丰水期，造成了三次大规模的水灾。30 年代是第一个丰水期，在此期间，水灾频繁，1930 年辽西大、小凌河、1931 年江淮、1932 年松花江、1933 年黄河、1935 年长江中游、1939 年海河先后爆发大洪水。第二个丰水期出现在 1949 年至 1963 年。在此期间，1949 年、1954 年、1958 年黄河流域先后 3 年发生大洪水；1954 年、1955 年、1960 年、1962 年长江流域先后 4 年发生大洪水；1950 年、1954 年、1956 年、1957 年淮河流域先后 4 年发生大洪水；1956 年、1962 年、1963 年海河流域先后 3 年发生大洪水；1949 年、1962 年珠江流域先后 2 年发生大洪水；1953 年、1956 年、1957 年、1960 年松花江流域先后 4 年发生大洪水；1951 年、1953 年、1960 年、1962 年辽河流域先后 3 年发生大洪水。20 世纪 90 年代是该世纪第三个丰水期，1991 年淮河、松花江、太湖，1994 年西江，1996 年柳江、长江中游、海河流域南系，1998 年长江、松花江、西江、闽江等江河发生了大洪水。[②]

---

① 桂慕文 . 中国古代自然灾害史概说 . 农业考古，1997（3）.

② 20 世纪中国防洪大事要览 . 防汛与抗旱，2001（1）.

花园口事件后的流亡百姓

二、旱灾的频发

1. 中国古代的旱灾

我国早期先民与旱灾斗争的经历已很难考证。但是流传至今的后羿射日的故事充分反映了他们与旱灾斗争的历史。后羿可能是我国最早的抗旱英雄。这一传说有深厚的社会基础,如前所述,我国在进入阶级社会之前,农业生产力水平低下,土地开垦有限。大概在夏朝之后,随着铁制工具的大量使用,烧山、伐木活动能够大规模的开展。结果是农业发展,人口增加,同时森林减少,生态遭到破坏,干旱现象开始明显增多。所以春秋战国时期,农业生产中的主要灾害不是洪水内涝,而是干旱。

后羿射日

民国时期,国内外学者何西(A.Hosie)、竺可桢、陈达、邓拓等曾利用《古今图书集成》《东华录》以及其他文献记载对中国历史上的水旱灾害进行统计,其结果均无一例外地显示旱灾发生的次数多于水灾。据邓拓《中国救荒史》的统计结果，自公元前1766年至1937年，旱灾共1074次，平均约每3年4个月便有1次；水灾共1058次，平均3年5个月1次。[①]中华人民共和国成立后，旱灾发生的频率总体上小于水灾。据美国学者郑麒来对历代正史资料的统计，自汉代以来，因各类自然灾害导致的求生性食人事件经常周期性发生，而其中至少有50%以上是由干旱引起的。纵观中国历史，旱灾给中国人民带来的灾难，给中华文明造成的破坏，要远比其他灾害严重得多。美籍华裔学者何炳棣在其关于中国人口历史的研究中即曾断言："旱灾是最厉害的天灾。"

基于当时的技术水平，解决干旱问题主要有两种途径：

第一为兴修灌溉渠道。此时原以排除积水为其功能的我国古代沟洫，逐步被灌溉渠道取代。当时，干旱的秦国，沟洫无水可排，也无水可蓄，商鞅就干脆把它废除了，代之而起的是灌溉渠道。战国时期，著名的灌溉渠道工程有都江堰、郑国渠（今陕西关中）等10多处。都江堰灌溉了成都平原万顷良田，郑国渠灌溉泽卤之地4万余顷。

第二为开凿水井。我国小井的开凿，始于传说中的黄帝，史称"黄帝穿井"，又有"伯益作井"之说。在河姆渡遗址发现的这口水井，是我国迄今发现的最古老的一口木构水井。它的发现将中国水井的历史提前了数千年。

水井是随着农业生产的发展和定居生活的稳定以后才发明的。它与人们的生产、生活密切相关，是当时生产力发展进步的重要标志。水井的出现，对人们的农业生产和定居生活具有很大的促进作用。水井除了能够提供清洁的生活用水外，也能用于灌溉农田和制陶等。更尤为重要的是，它为开发

河姆渡原始居民的水井和草棚复原图

利用地表淡水资源匮乏的地区创造了条件，拓展了人类生存发展的空间。

据《史记·周本纪》中"昔伊、洛竭而夏亡，河竭而商亡"的记载，可知我国历史上最早的旱灾记载应当是距今3800多年前（公元前1809年）伊洛河流域的大旱，它导致了夏朝的灭亡。此后黄河干枯，导致商朝灭亡。可见在远古时期，由于人类抵抗自然灾害的能力有限，导致了政权的垮台。

在西汉至南北朝共785年当中，有史料记载的旱灾共计达179次，平均每4.3年1次。隋、唐、五代十国时期，有据可查的旱灾共发生170次，平均每2.2年发生1次。此期平均较前一个历史

———————————
① 邓拓文集·第二卷.北京：北京出版社，1986：41.

时期的发生频率增大了近 1 倍。存在还不 40 年的隋王朝，就发生 8 次旱灾。唐朝发生旱灾 125 次，每 2.3 年发生 1 次。宋、元、明、清四个朝代的 951 年时间，共发生旱灾 912 次，接近每年发生 1 次。[①]

宋元明清旱害次数统计表

朝代	统治起止年	统治时间 / 年	旱灾次数
宋	960—1270	319	198
元	1271—1368	97	107
明	1368—1644	276	274
清	1616—1911	295	333
合计		951	912

资料来源：据《中国历代自然灾害及历代盛世农业政策资料》统计制表，农业出版社，1988 年。

2. 中国近代的旱灾

中国近代旱灾依旧频仍，严重破坏了社会生产力，不断造成人民生命财产的重大损失。1877—1878 年的丁戊奇荒持续了四年之久。旱灾主要发生在山西、河南、陕西、直隶（今河北）、山东等北方五省，波及苏北、皖北、陇东河川北等地区，死亡人数在 1000 万人以上，被称为有清一代"二百三十余年来未见之凄惨，未闻之悲痛"。1899 年爆发了全国性干旱，北京、天津、冀北、陕北、陇南、胶东、皖北及广东均属于重旱区，1900 年、1901 年以上大部分地区再遭干旱袭击。130 多个地区发生了连续两年的旱灾，几乎覆盖 25% 的国土陆地面积。仅有 6 万人的山西绛县就有 3 万人死于饥荒。咸阳城背街小巷悄然出现了不挂招牌的"人肉肆"。

1920 年，山东、河南、山西、陕西、河北等省遭受自 1840 年以来最大的一次旱灾，灾民达 2000 万，死亡 50 万人。两年之后，1922 年黄河流域连续 11 年大旱。干旱从黄河中游开始，逐年向东、向南扩展，甚至在 1928—1930 年旱情非但未缓解，反而骤然加剧。1934 年，华东、华北、华南三区及西南、西北部分地区都出现了严重的旱情，其中最为严重的长江中下游地区。安徽全省"四十九县塘坝尽竭"，全县灾民 870 万人，为百年来所未有的特大干旱。江苏南部大旱，南京河滨港汊大部浅涸。上海的高温酷热打破了 60 年来的纪录。太湖水竭，西湖见底，苏杭不再是天堂。苏、浙、皖各地农田大量成灾，颗粒无收。

[①] 桂慕文 . 中国古代自然灾害史概说 . 农业考古，1997（3）.

1935—1937 年，全国大部分地区出现不同程度旱情，四川中、东、北部旱情突出，特别是东部地区发生了数十年未见之旱灾。持续时间之长，受灾范围之广，灾情之严重为该省历史所罕见。据统计，全省有 111 个县市受灾，灾民达 3000 余万人。受灾人口占全省人口的 75% 以上。

1942 年全国为极重干旱年。旱区主要在华北、西北及东北地区，除吉林、辽宁、河北部分地区及天津、北京旱情较重外，黄河流域各省，尤其是河南省旱情极重。豫西、豫东春夏大旱，豫北、豫南春夏秋大旱，成为特大旱灾年。濒于死亡边缘等待救济者 1500 万人，饿死达 300 万人之多。

1943 年，华北地区大部、东北地区南部、华南地区中部和东部以及西南地区的川、滇、黔交界地区都出现旱荒。其中，广东大旱遍及全省，死亡达几十万人，潮阳、海门各善堂于莲花峰下红沙窠收埋尸体 1.1 万具，被称为 20 世纪世界十大灾害之一。

3. 新中国成立以来的旱灾

1959—1961 年，三年连旱。从 1959 年夏开始，我国南北方部分地区降水就偏少。陕西、山西、河北 3 省的南部和河南、山东大部夏旱严重，南方的湖北、湖南、安徽、江苏、江西、四川、贵州的部分地区也出现伏旱和秋旱。1960 年、1961 年，全国两年为极重旱年。1962 年全国大部分地区再次遭受干旱袭击。旱灾在全国范围内连续发生了 4 年，其中黄河流域在 1960—1962 年的三年中的旱荒尤为严重。此后仅两年，1963 年南方大旱，华南珠江流域成灾面积为 50 年一遇，受旱时间长、范围广、旱情重，为史上罕见。

1997 年，黄河断流，创历史 7 个之最。一是断流时间最早——2 月 7 日利津水文站就出现断流。二是断流河段最长——从河口至开封柳园口，共长 700 余千米。三是断流频次最高——利津站全年断流 13 次。四是断流天数最多——利津站断流共 226 天。五是断流月份最多——全年有 11 个月断过流。六是断流首次在汛期出现，在 9 月黄河秋汛期首次断流。七是首次跨年度断流——从 1997 年年底至 1998 年年初。还要指出的是，不但黄河下游断流，从 1996 年开始，黄河源头扎陵、鄂陵两湖也出现断流。1998 年 10 月 20 日至 1999 年 6 月 3 日，两湖之间断流 3 次，发生了极其罕见的黄河源头区干涸见底现象。

1997—2000 年，海河流域大旱，北京、天津地区连续 4 年遭遇严重干旱。特别是 1999 年，京城经历高温与干旱的煎熬，旱情严重程度为 130 年来之最，高温持续时间之长为 60 年之最。

2010 年春季，西南 5 省遭遇世纪大旱，5000 多万同胞受灾（见下表）。这场少见的世纪大旱使农作物受灾面积近 500 万公顷，其中 40 万公顷良田颗粒无收，2000 万同胞面临无水可饮的绝境。

2010 年西南 5 省（直辖市、自治区）旱灾统计表

旱情区域	旱情范围	居民生活受影响情况
重庆	34 个区县出现旱情	94 万人和 42 万牲畜临时饮水困难
四川	13 个市（州）、71 个县、市（区）受灾	受灾人口 828.8 万人，184.9 万人饮水困难，全省 138.2 万群众需救济
云南	滇中、滇东、滇西东部的大部地区大旱	百年一遇，700 万人饮水困难，缺粮人数达到 700 多万人
贵州	84 个县（市、区）不同程度受灾	受灾总人口 1728 万人，有 557 万人、267 万头大牲畜饮水困难
广西	77 个县（市）发生不同程度的气象干旱，其中特旱 8 个，重旱 21 个，中旱 12 个	218.12 万人、111.17 万头大牲畜饮水困难

第三节　水环境对治国理政的影响

在多样复杂的地理环境和复杂多变的气候条件的制约和影响下形成了独具特色的中国水环境。中国政治在这样的环境中不断做出应对和调适以求稳定和发展，中国政治由此深深打上了中国水文特征的烙印。

首先，河流条件是历代统治者在选择政治中心时的重要考量因素。其一，古代统治者希望都城选择在统治区域的经济中心，以求保证政权取得充足的经济支持。而经济中心在农业时代自然就是农业发达地区，因此往往选择在江河附近，兴水利，避水患，如我国历史上著名的七大古都安阳、西安、洛阳、开封、北京、南京、杭州都位于江河之滨。其二，选择在江河之滨建都，在古代的交通条件下可以发挥"舟楫之利"，便于人员和物资的运输。其三，还有军事方面的考虑。中国水环境具有山水相连的特征，高山深水是政权稳固的自然屏障。[①]

其次，中国政治与河流的密切关系体现在中国古代的行政区划和古今许多地名称谓之中。中国复杂的地理、气候、水文条件，决定了统治者不可能在全部统治区域内做到整齐划一，统一步调来治理，所以中国很早就产生了分区治理的政治思想。分区治理的前提之一是划分区域。我国的行政区域划分和地区命名与河流有着密切的联系。如《尚书·禹贡》中记载了当时以江河水系

---

① 靳怀堾.中国古代城市与水——以古都为例.河海大学学报：哲学社会科学版，2005（4）.

为主要依据划分天下为九州。战国时期的《吕氏春秋·有始览·有始》对九州的记载更为清晰："何谓九州？河汉之间为豫州，周也；两河之间为冀州，晋也；河济之间为兖州，卫也；东方为青州，齐也；泗上为徐州，鲁也；东南为扬州，越也；南方为荆州，楚也；西方为雍州，秦也；北方为幽州，燕也。"其中豫、冀、兖、徐四州是以水系为分界线划分的。这种行政区划的传统一直保持到今天，如黑龙江省省名是因黑龙江流经省内之故；浙江省省名是因钱塘江（古名浙江，亦名之江）是流经浙江省的最大河流之故；湖南省内有湘江自南向东北蜿蜒而下，斜贯湖南省境，故湖南简称湘；江西省内有第一大河赣江纵贯江西南北，故江西简称赣。此外，中国人还常以河流作为地理分界线的参照系。如以长江为中心称江南、江北、江左、江右，以黄河为中心称河南、河北，以济水为中心称济源、济南、济宁等。

在古代交通不畅、信息不发达的情况下，中国统治者以和人民生活密切相关的河流作为行政区划和地方命名的依据，易被人们理解和接受，且各地的地理气候特征往往已涵盖在以河流水系命名的地方名称或区域名称之中。这为分区治理、因地制宜提供了便捷。

再次，兴修水利、趋利避害成为中国统治者政治生活中的重要内容，大规模的水利事业促使我国古代形成和巩固了中央集权制国家。中国复杂的地理气候条件以及分布不均的河流状况，使各地区在利用自然条件从事生产、生活成为可能，同时又非个人能力所能完成。于是大规模的治水活动导致了国家权力产生。"在禹治水的过程中形成的制约各氏族部落的领导机构，当是奴隶制国家机器的前身，因而，治水本身也像化学反应中的催化剂一样，在奴隶制国家的形成过程中起着促进的作用"[1]。不仅如此，它还进一步促进国家权力的集中，发展为中央集权制。这一观点的代表人物是美国学者卡尔·A. 魏特夫，他在《东方专制主义》一书中认为中国特殊的地理、气候和水文条件，决定了中国农业不能依靠"雨水灌溉"，必须兴建"治水"工程进行人工灌溉，以克服供水的不足与不调，而兴建治水工程"需要建立全国性的合作模式"，这样的"合作模式"反过来需要纪律约束、从属关系和强有力的领导，且让专制君主"控制着整个国家的劳动力和物资"。[2]"政府管理的大型水利工程使农业的大规模供应机构归国家掌握。经营的建筑工程，使国家成为大规模工业中最全面部门的无可争辩的控制者。……国家居于在工作上进行领导和从组织上进行控制的至高无上的地位"，于是中国成为东方专制主义国家。[3]魏特夫对中国中央集权制的分

---

① 周魁一. 先秦传说中的大禹治水及其含义的初步解释. 武汉水利电力学院学报，1978（Z1）.

②③ [美] 卡尔·A. 魏特夫. 东方专制主义. 徐式谷，等译. 北京：中国社会科学出版社，1989：36，39.

析是以我国独特的地理、气候条件所形成的水环境和以此为基础的水利灌溉农业为理论推导的基础的。由此可见中国独特的水环境对中国政治体制所产生的巨大影响。

"一部中华文明的发展历史，在一定意义上就是中华民族与洪涝、干旱作斗争而不断前进的历史。千百年来，在中华民族以农业立国的历史进程中，水利文明自始至终发挥着决定性的作用。"[①] 基于中国特定水环境的千百年来水利治理活动，不仅对中国政治体制产生了重大影响，也在潜移默化中塑造着中国社会的统治政治理念和思想。具体地说：

第一，重视民生疾苦。如前所述，中国的自然条件决定了中国水环境的复杂多变，由此造成中国历来水旱灾害频发。作为代天牧民的天子如果要巩固统治成为明君，则须敬天修德。其中重要的一点就是上天有好生之德，统治者要关心百姓疾苦，推行"仁政"，"民为贵，社稷次之，君为轻"。《管子·形势解》中说："蛟龙，水虫之神者也。乘于水则神立，失于水则神废。人主，天下之有威者也。得民则威立，失民则威废。蛟龙待得水而后立其神，人主待得民而后成其威。"以水和龙的关系来比拟君主和百姓的关系，说明了两者的依存关系。这种思想到唐朝发展为"水可载舟，也可覆舟"的统治哲理。这种认识使历代统治者生发出关心百姓疾苦的思想，尤其是当国家发生水旱灾荒时，要救民于水火之中。地方官员"不待奏报，先开仓救济"被认为是一种美德的体现。

第二，事功与道德并重。由于受中国自然条件和特定时代技术条件等因素的限制，有许多官员在进行水利工程建设和处置水旱灾害时，未必都达到预期的目标。但是当事人若殚精竭虑，一心为公，同样会受到人们的尊重和推崇。在中国治水活动中，有大禹、李冰等治水英雄。他们以天下苍生为念，以为民造福为己任，不辞劳苦，历尽艰辛，表现出无私奉献的高尚情操，这种精神一直为中华民族所推崇。同时历史上也有像鲧一样的人，虽不辞辛劳，不避艰险，但最终却因治水失败被杀。考虑到治水活动的长期性、艰巨性和复杂性，这些失败者并不可耻，因为他们尽力而为，问心无愧，他们的人格魅力同样令人钦佩。人们并不以成败论英雄，而是借鉴他们的经验，吸取其教训，继续探索前行。

第三，居安思危的理念。中国复杂的自然条件导致水旱灾害等无法准确预测，使得治水活动具有很大的突发性。因此"凡事预则立，不预则废"。为了最大限度地减少灾害带来的负面影响，达到预期的效果，必须提前做足充分准备。总结包括治水活动在内的长期统治经验，居安思危，成为统治者重要的治国理念。

---

① 靳怀堾.治水与中华文明.国学，2011（8）.

第四，顾全大局的思想。治水活动所形成的中央集权要求政治上的大一统，以便统一调配国家人力、物力来进行大规模的水利建设，这就要求统治者具有全局观。复杂的自然环境加上治水能力的不足，往往难以取得全面的胜利。此时还需要统治者顾全大局，协调各方面的关系，统筹兼顾地方利益与国家利益、眼前利益与长远利益等各方面的关系，分清轻重缓急，加强团结，求得合作。这也是中国治水活动中重要的政治经验之一。

第二章

水与国家的命运

第一节　治　水　立　国

古代社会以农为本，农业是基础产业。中国古代对农业生产构成威胁有五害之说。"水，一害也；旱，一害也；风雾雹霜，一害也；厉，一害也；火，一害也。此谓五害"。[①]五害当中，危害最大的是水害。"五害之属，水最为大。""请除五害之说，以水为始。"[②]因此，治水是古代的一件大事。《管子》水地篇曰："圣人之治于世也，其枢在水。"清朝康熙年间（1662—1722）曾任江苏布政使（负责一省财政、民事的最高行政长官）慕天颜在奏章中曾指出"兴水利，而后有农功，有农功，而后裕国。"[③]这也都说明治水与农业、富国的密切关系。

一、水与农业文明的形成

人类历史按文明类型划分，可以分为游牧文明、农业文明、海洋文明和工业文明。从一个国家纵向发展看，游牧文明、农业文明和海洋文明是古代文明三个历史发展阶段，而工业文明是现代文明，古代文明和现代文明有着明显的时间区分，一个国家从古代文明进入现代文明是一个历史必然趋势，在一个国家内部从逻辑上不可能同时存在古代文明和现代文明。但现实世界的发展总是那么不可思议。目前世界上许多进入到工业文明发展阶段的国家仍然还会存在游牧文明，例如中国北方内蒙古一些地区仍然存在游牧文明，过着放牧的生活，就不能单纯用社会发展来解释这个现象。究其原因，就在于水资源的分布不均匀，游牧文明存在区域，水资源缺乏，内陆河水量不足，年平均降雨量仅200～300毫米，甚至更少。由此可见，水对于文明形成的影响已经超越历史发展规律。

中国古代国家形态一般认为形成于农业文明早期阶段。在农业文明形成初期，黄河中下游平原的华夏文化发展成了中国文明的中心。距今7000年的时候，黄河中下游由游牧文明进入到农耕文明。而古代中国由游牧文明步入农业文明决定因素有两点：一是气候。此一时期，温暖湿润的气候适合农作物的种植。据现有研究，从距今7000年开始，进入第四纪大暖期，气温升高，在近5000年中的最初2000年，即仰韶文化到安阳殷墟文化，大部分的年平均气温高于现在2℃左右。

---

① ［西汉］刘向.管子·度地五十七.北京：中华书局，2009.

② 章诗同.荀子简注.上海：上海人民出版社，1974.

③ ［清］许承宣.西北水利议·卷1.清康熙39年刻本.

因此新石器时代该地区的平均气温约 14～18℃。于是，在这样的气温条件下，适宜多种农作物的种植。[1]现有的考古资料也证明这一点，至少距今7000年前，黄河流域已经开始种植粟了，而与此同时，长江中下游开始种植水稻。新石器时代的屈家岭文化、裴李岗文化、老官台文化、仰韶文化、大汶口文化、龙山文化遗址都有粟和稻的发现。南稻北粟成为我国农业生产的传统布局。[2]二是水。农作物种植的特点决定农业文明的人们生活的一个特征是不再四处迁徙，长时间固定在一个地方生活。定居生活离不开水源，人口稀少的时候，大家可以临水而居，方便用水。但随着人口的增长，都居住在水源地周围成为不可能的事情，远离水源地的人口，用水成为一个难题。为解决这样的难题，人们发明凿井技术。根据考古资料，我国迄今发现年代最早的水井遗迹在中原地区[3]。由游牧文明进入到农业文明，需要一个广阔平坦的平原最适合大规模农作物的耕种，黄河流经黄土高原冲积而形成的黄河中下游平原提供文明的诞生地。冲击而下的黄土也为农作物种植提供了便利的条件。土壤是农作物生长的根本。黄土是非常适宜农作物栽培的土壤，由于呈粉尘颗粒状，是由西北气流从亚洲内陆搬迁而来，逐渐飘散沉积而成，其成岩作用不强。这些风成的黄土在结构上呈现出均匀、细小、松散、易碎的特点，这就使得粗笨的木耒、石铲等原始工具容易入土和耕作[4]。黄河水自身也为农作物的种植提供养分。《管子》水地篇说："水者，地之血气，如筋脉之通流者也。"黄河流域丰富的水资源为农业生产提供便利。这可以解释为什么人类最早的农耕文明都诞生在大河流域。

北粟　　　　　　　　　　　　　　　　　南稻

① 张居中.舞阳史前稻作遗存与黄淮地区史前农业.农业考古，1994（1）.

② 刘桂娥.史前南稻北粟交错地带及其成因浅析.农业考古，2005（1）.

③ 方酉生.从考古材料看我国中原地区原始社会的农业生产.农业考古，1984（1）.

④ 王星光，张新斌.黄河与科技文明.郑州：黄河水利出版社，2000.

二、大禹治水与国家产生

三皇五帝[①]时代开始由原始的部落联盟向奴隶制国家时期过渡，期间发生大禹治水的故事，随后大禹的儿子启建立了中国历史上第一个王朝"夏"，进入到了农业国家阶段。从大禹治水的时间和夏王朝建立的时间间隔判断，大禹治水似乎与夏王朝的建立有着一定的逻辑联系。首先我们先来分析一下大禹治水故事的真实性，得证明这一时期是否真的发生水患。据气候专家研究，距今5000～4000年间，我国气候处于温暖湿润期，降雨较多。[②]从时间上来看，此时，正是中国历史上的五帝时代，湿润多雨的气候条件为尧舜时代洪水的发生提供了可能，大禹治水区域是在黄河中下游，这一地区现有考古资料也表明，从新石器时代到进入文明史时期，黄河和淮河平原河流纵横，大小湖泊星罗棋布，植被茂盛。[③]降雨较多，河流湖泊众多，更证实这一地区发生水患的可能性。司马迁在《史记·河渠书》直接记载大禹治水故事"身执耒锸，以民为先，抑洪水十三年，三过家门而不入"，终于出现了"九州既疏，九泽既洒，诸夏艾安"局面，进一步佐证大禹治水故事的真实性。

接下来我们分析大禹治水与农业国家形成的关系。治水关系民生，是最为典型的公共事务。在没有机械化工具操作的当时，需要调动多方力量，协调各个部落的行动，这也给了当时分散的部落一个联合的时机，早期国家就是部落联盟逐渐过渡形成的，部落联合为国家的形成提供一个时机。面对滔天洪水，首先要建立一个治水机构，治水机构要具有权威性，方便统一领导分散的部落治水。此一时期水患严重程度超过人们的想象，甚至连当时的治水专家大禹的父亲鲧都治水失败。鲧作城郭，采用筑城防洪的办法，将洪水挡住，不让洪水四处蔓延，与后世所常采用的筑堤防洪治水思路是一致，这种办法对付一般洪水能起到防洪效果，但此一时期洪水灾，远超过他的预期，而只能采用泄洪分流的办法，足以可见他所面对的洪水凶猛。更证明此次治理洪水需要调动更多力量参与，这对治水机构的权威性提了更高的要求，也给了加强治水机构的权威性难得的契机。其次，治水能满足遭受洪水灾害的各个部落的共同利益，因而更容易获得呼应。这对于治水机构的集权是一次千载难逢的机会，而且打着公共利益的旗号，这样治水中所形成的集权弊

---

① 三皇，指伏羲、神农、燧人；五帝，指黄帝、颛顼、帝喾、尧、舜。历史上"三皇五帝"有多种说法，这是其中之一。

② 王邨，王松梅.近五千余年来我国中原地区气候在年降水量方面的变迁.中国科学（B辑），1987（1）.

③ 周本雄.山东兖州王因新石器时代遗址中的扬子鳄骨骸.考古学报，1982（2）.

端就被掩盖了。大禹在组建治水机构和接下来治水活动中所遭受的阻力就小得多了。大禹在治水过程中，政治上团结各氏族首领作为自己的"股肱心膂"，建立治水机构；组织上，"禹卒布土"，以定九州，按氏族分布的地域来确定版图，调剂劳力；经济上，大禹"能单平水土，以品处庶类"。治水活动历经十三年，长时间的集权强化了各部落对大禹权力的认可，也加强了大禹对各部落的影响力，治水最终的成功为大禹获得了极大的声望，被选为部落联盟首领后，手中治水获得的权力被冠以了一个合法的名号，集名望与权力于一身的大禹，王权色彩愈加明显。《尚书·尧典》记载，大禹改尧舜时期天子巡狩制度为诸侯朝会制度，"五载一巡狩，群后四朝"，权力凌驾于诸侯之上。为了维护统治，大禹制定了刑法。《左传》记载："夏有乱政，而作《禹刑》。"并在实践中贯彻，《国语·鲁语》"禹朝诸侯于会稽之上，防风之君后至，而禹斩之。"防风部落的首领因为在诸侯朝会大禹时候迟到，被杀害，显然大禹此时权威要超过部落联盟首领，俨然集权制的国家君主。正如周魁一先生所指出的那样：在禹治水的过程中形成的制约各氏族部落的领导机构，当是奴隶制国家机器的前身，因而，治水本身也像化学反应中的催化剂一样，在奴隶制国家的形成过程中起着促进的作用。[1]大禹治水促进国家的形成同时，也促进人民生活安定，国家稳定持续发展。大禹治水采取疏导方式，河流流向稳定，保证了人们居住地的稳定，面对洪水来袭，不再像前人那样，"择丘陵而处之"，"迁城邑以避之"。作为政治中心的都城也因此稳定下来，国家政治统治中心也相对固定下来，这为大统一国家形成提供便利条件。

三、治国必先治水

"治国必先治水"，在我们这个以农为本却又经常面临水患的东方古国这是历代统治者们的共识。由此可以看出，治水在我国国家职能中所占据的重要地位。

（一）治水的重要性

1. 水与民生

水是地球上一切生物赖以生存的最基本条件，是自然界最宝贵的资源之一。"夫民之所生，衣与食也。食之所在，水与土也"。《道德经》曰："上善若水，水善利万物而不争。"水与人民生活密切相关，关系人民生活水平。西周《伐崇令》中明令禁止填水井，违令者斩。意在凭借国家力量，

---

[1] 靳怀堾．治水与中华文明．国学，2011（8）．

保护居民饮用水资源。为了利用水源，人类"逐水草而居"，生活在江河湖泊附近。

为利用水，史前人类筑堤建坝、修筑城池、疏浚河道、堆筑高台等防御水患的实践，而且还包括凿井、挖池、修渠以利取水、储水、排灌等开发利用水资源的活动。[①] 这表明史前人类已能开发利用地下水资源，在一定程度上摆脱对自然河流、湖泊的依赖和束缚，至此人类不再仅仅局限于河湖旁边台地，而是可以较广泛地选择生产和生活场所。作为水载体的河流、湖泊，在人们心中的地位很高，人们尊其为"母亲河""母亲湖"。中华民族视黄河为母亲河，每个省市的人视当地江河为母亲河，世界其他地区也都有自己的母亲河，如埃及的尼罗河、印度的恒河等。在如今不少偏僻地方的族群，人们依然对其身边的大河大湖保持着原始的崇拜和祭祀，认为有河神、湖神在其中保佑一方风调雨顺、五谷丰登，表现了人们对于水的敬畏和敬仰，水寄托了他们对美好生活的希望。

同时，对百姓生活密切引用的工程也得到重视。"宁可三日无油，不可一日无水"，一语道出水在普通百姓生活中的重要作用。古代地方政府为解决饮水困难也兴建饮水工程。唐高祖武德元年（618年），陕东道大行台金部郎中长孙操引河南道陕州广济渠水来解决百姓饮水困难。"饮水入城，以代井汲。"[②] 河东道太原府"井苦不可饮"，唐太宗贞观年间长史李勣"引晋水入东城，以甘民食，谓之晋渠。"[③]

现代城市的发展仍然离不开对水资源的依赖。城市人口密度达到3万～5万人/千米^2，在年降水量1000毫米的地区人均降水量不过20～30立方米，如果要达到人均400立方米就需要20000毫米以上的降水量，否则必需引水入市区。对水资源的充分利用，足以支撑中国一直以一个人口众多的大国形象屹立于世界。我国人口在公元2年是5959万，占当时世界人口总数2.3亿的25.9%；1195—1223年，我国人口为7681万，占当时世界人口总数3.48亿的22.07%；1790年，中国人口为3.0803亿，世界人口总数为9.06亿，占33%左右[④]；目前中国是一个水资源十分短缺的国家，人均水资源2163立方米，只有世界人均水平的1/4，且分布不均。在600多个现有城市中，严重缺水的城市达400多个，缺水特别严重的城市有110多个。[⑤] 中国用占全球约6%的淡水资源、9%的耕地，解决了占世界21%人口的粮食问题。中国30年来以年均1%的用水低增长率，

① 张应桥．我国史前人类治水的考古学证明．中原文物，2005（3）．

②③ 周魁一，等 注释．二十五史河渠志注释．中国书店，1990．

④ 赵文林，谢淑君．中国人口史．北京：人民出版社，1988．

⑤ 刘津农．从治水节水到水权改革——缺水大国的"治水经"．人民长江报，2009-09-12．

支撑了年均近 10% 的经济高速增长。如果解决不好水的利用问题，水对人的生活也会带来破坏性作用。崇祯十五年（1624 年），黄河在开封决口，豫东平原被淹，水过之后，土地"咸成硗卤，皆成石田"。清雍正三年（1725 年），阳武一带被黄河淹没，水后土地皆变成盐碱地。

现代社会，水对民生的影响更为明显。水本来是没有体现其价值的自然物质，城市自来水是水的第一次价值表现，水价每一次波动牵动民心，听证水价是涨价的唯一途径，可见水对于中国民生的重要性。

2. 水与农业生产

水是农作物生长的必需，"灌溉之利，农事大本"[1]，但农作物对水的需求随着季节、生长周期的变化而不同。在相当长的时期内，南稻北粟成为我国农业生产的传统布局。一般说来，稻作物主要种植在南方，粟作物主要种植在北方，水量是一个重要原因。

我国水资源环境对农业影响尤为明显。中国水资源环境有以下特点：一是江河湖泊众多，其中长江和黄河，不仅是亚洲两条最长的河流，而且是世界著名的巨川。中国天然湖泊也很多，鄱阳湖、洞庭湖、太湖、巢湖、洪泽湖等，都是闻名全国的大湖，但在夏季农作物生长季节，常常面临洪涝灾害。二是水资源的季节和年际变化大。由于降水量的季节分配不均，年际变化大，河川水量丰、枯相差悬殊。汛期和丰水年水量大，且来水集中，容易泛滥成灾；枯水季节和少雨年份水量不足，常常出现供水紧张的局面。为保障农作物的生长，常常面临冬春抗旱，夏秋防涝的局面。三是水资源的地区分布极不均衡。由于降水量地区分布的不均匀，带来地表、地下水资源分布的不平衡，华北地区人口占全国的 1/3，而水资源只占全国的 6%；西南地区人口占全国的 1/5，但是水资源占有量却达到 46%。水资源的这种分布特点对农业生产有着极大的影响，农业在中国历史上长期是国家的支柱产业。在现代，水对我国可持续性发展更为重要。据报道，中国是世界严重缺水的 13 个国家之一。同发达国家相比，每生产单位粮食，中国的用水量是发达国家的 2~3 倍，每增加单位 GDP，中国的用水量又是发达国家的 10 倍左右，治水成为国家首要的任务。新中国建立后，治水同样是国家大事，1949 年，中国人民政治协商会议第一次全体会议把"兴修水利，防洪抗旱"写进《共同纲领》。

（二）举国之力治水

农业社会，治国必先治水。其原因如下：其一，农业是国家根本，农作物生长需要水。农田

---

[1] ［清］徐松 . 宋会要辑稿·食货卷 . 北京：中华书局，1957.

灌溉是保障。"灌溉之利，农事大本"。武帝曾谈到："农，天下之本也。泉流灌浸，所以育五谷也。"①其二，频繁发生的水旱灾害影响到人民生活。抗灾防洪从古至今都是国家一项重要职能。"修利堤防，国家之岁事。"②其三，漕运。古代政治中心与经济中心长期分离，为解决这一问题，利用漕运，充分发挥了水运成本低，效率高的优势，弥补了这一缺憾。基于以上原因，历代统治者都重视治水，因此各级官员也都努力兴修水利。"自是之后，用事者争言水利"。兴修一系列水利工程。"朔方、西河、河西、酒泉，皆引河及川谷以溉田，而关中辅渠、灵轵引堵，汝南、九江引淮，东海引钜定，太山下引汶水，皆穿渠为溉田，各万余顷，佗小渠，披山通道者，不可胜言"。③明太祖"诏所在有司，民以水利条上者，即陈奏，遣国子生到各地督修水利。"皇帝重视全国掀起兴修水利的高潮，"洪武末开塘堰近五万处，治河四千处，修复陂渠堤岸五千多处。"④在最高统治者的重视下，中央和地方政府都投入治水的热潮中。

1. 中央政府治水

《史记·河渠书》中云："河灾衍溢，害中国也尤甚。"可见水利工程在国家公共职能的履行过程居于重要地位，而水利工程中最重要的当属治河工程。

治河关系百姓安危，社稷稳定，作为国家重大工程投入，需要巨大的人力和大量财政投入。以投入人力计算，西汉时期，治河救灾每年需要投入大量人力。"吏卒治堤救水岁三万人以上"，而日常河堤维护和巡视人员又需增设不少机构和人员。西汉时期在中央设有河堤谒者，专管河堤的修守。中下游沿河十余郡也设有专职的管理人员，统称河堤吏卒，负责该郡所辖河段堤防工程的日常修守。而财政投入日常仅面临河患危险的地方维护费用，财政投入"濒河十郡治堤岁费且数万万"⑤。而西汉一年国库，以处于昭宣中兴时期的汉宣帝为例，国家财政收入每年不过四十余万万，仅上述地方一年治河费用占用将近十分之一。灾后的重建工作，灾民救济，官署、民居重修、冲毁大堤重新加固、城墙修缮等无不需要巨额投入，灾后灾区减免赋税也冲击政府财政负担。东汉王景治理黄河，"发卒数十万，遣景与王吴修渠。……景虽简省役费，然犹以百亿计。"⑥如此

---

① [东汉] 班固. 汉书·卷29. 北京：中华书局，1962.

② 宋大诏令集·卷182. 北京：中华书局，1962.

③ [西汉] 司马迁. 史记·卷29. 北京：中华书局，1973.

④ [清] 顾炎武. 日知录·卷12. 上海：上海古籍出版社，2006.

⑤ [东汉] 班固. 汉书·卷29. 北京：中华书局，1962.

⑥ [南朝·宋] 范晔. 后汉书·卷76. 北京：中华书局，1965.

时国家财政收入若与汉宣帝时相近，那么就相当于将两年多的财政收入全部用于治理黄河。

北宋时期，黄河灾害频发，治理黄河伴随着整个北宋时期，投入巨大人力和物力，花费之多，引起当事人的惊叹。"自古竭天下之力以事河者，莫如本朝"[①]。

清代就有"有清首重治河"[②]的说法。当时全国常年治河费用更是惊人。按照魏源记载"康熙年间（1662—1722），每年河工花费不过几十万两银子；到乾隆年间（1711—1799），已经每年300万两了；嘉庆年间（1760—1820），河道淤积，机构膨胀，年费600万~700万两，"其费又远在宗禄、名粮、民欠之上"，[③]而每年清政府国库收入维持在4000万~6000万两。

巨大的财政支出使中央政府背负上沉重的负担，为缓解压力向社会筹集资金，甚至不惜卖官鬻爵。汉成帝永始二年（公元前15年）诏曰："其百万以上加赐爵右更，欲为吏补三百石，其吏也迁二等，三十万以上赐爵五大夫，吏亦迁二等，民补郎。十万以上，家无出租赋三岁。万钱以上一年。"[④]从百姓到官员都可以通过钱买官和升官，无疑对国家正常官员选拔和考核机制会产生冲突，但为弥补财政收入与治河经费不足之间的亏空，也属于无奈之举。

为缓解财政危机，清政府同样采取开捐方式。开捐是拿钱买中央官学国家监的读书资格，当监生。清康熙十年（1671年），因"江南连被灾伤，难比别省"，而江南是清政府财赋之地，江南因灾税收降低，直接影响到中央财政税收。不得已，经过中央政府批准，"生员400石，或银200两，俊秀纳米600石，或银300两，准其入监读书"。[⑤]嘉庆六年（1801年）因永定河溢，收银759万两；嘉庆八年（1803年）河南衡家楼漫口，先后收银2100万两；嘉庆十九年（1814年）河南漫水，收银717万，并且允许地方官捐监，就地解决经费。即便如此，面对如此大开支，仍显捉襟见肘。嘉庆十八年（1813年），军机大臣英和上奏说"开捐不如节用"。[⑥]为此，魏源曾在《筹河篇》中痛陈其弊："竭天下之财赋以事河，古今有此漏卮填壑之政乎？"[⑦]

同时，历代中央政府开始考虑专业化水利工程施工队伍的建设，建立专业化水利部队，"养兵

① ［元］脱脱，等.宋史·卷91.北京：中华书局，1995.

② ［民国］赵尔巽，等.清史稿·卷127.北京：中华书局，1977.

③ ［清］魏源.魏源集.北京：中华书局，1976.

④ ［东汉］班固.汉书·卷10.北京：中华书局，1962.

⑤ 清圣祖实录·卷36.北京：中华书局，1986.

⑥ ［清］英和.皇朝经世文编·卷27.北京：中华书局，1992.

⑦ ［清］魏源.魏源集.北京：中华书局，1976.

千日，用兵一时"，调用士兵兴修水利，可以减轻百姓负担，又不用增加额外负担。是一举两得的事情。吴越于重要水利工程处置撩浅军，专事维修。吴越天宝八年（915年），"置都水营田使，募卒为都，号曰'撩浅军'，亦谓之'撩清'。"到了宋朝逐步采取以军士代替民户的力役。北宋浙西地方因水利而设的厢军有开江兵和捍江兵。宋哲宗元符二年（1099年）诏："苏、湖、秀州，凡开治运河、港浦、沟渎，修迭堤岸，开置斗门、水堰等，许役开江兵卒。"① 捍而江兵设置是为了修筑浙江海塘。

2. 地方政府治水

"地方水利，关系民生最为紧要"②。地方政府一个主要任务也是治水。尤其是农田灌溉往往由地方主持下治水。"畎浍之事，职在郡县。不时开导，刺史县令之职也。"但在中央集权体制下，地方兴建或修复水利工程必须经过中央部门批准，地方不可擅自动工，否则将会受到严厉的处罚。《唐律疏议》曰："筑堤防，兴起人功，有所营造，依营缮令，申尚书省听报，始合役功。或不言上及不待报，各计所役人庸，坐赃论减一等。"③ 兴建堤防的洪工程，必须报尚书省批准，批准之后，才能动工。如果不上报或者开工后再补报，按照工程量大小，计算所费耗资，参照坐赃罪，减一等定罪。中央政府批准兴建后，在地方政府建造过程较少受到干预，并且降低失败的风险。曾做过地方官的北宋范仲淹对此深有感悟"然今之世有所兴作，横议先至。非朝廷主之，则无功而有毁。守土之人恐无建事之议矣。"④ 中央审批地方兴建有着存在合理性：有利于统筹规划。地方的水利工程往往出于地方利益考虑的角度，例如防洪工程，往往采取加工堤坝或者开挖新的分水渠，会增加临近地区发生水灾风险性，造成以邻为壑局面。中央统筹规划，可以降低这种风险，从全局考虑增强抵御灾害能力。

地方政府兴修水利除了需要中央批准，在财政上需要中央政府支持。在集体体制下，地方财政收入大部分都上交中央，地方提留部分仅仅能够维持地方政府机构日常行政运转，没有更多精力投身水利等公共建设。正如顾炎武谈到地方无力兴建的原因。"今日所以百事皆废者，正缘国家取州县之财。纤毫尽归之于上，而吏与民交困，遂无以为修举之资。"⑤ 因此，在很多时候地方兴修水利需要中央支持。唐会昌年间（841—846年），杭州刺史李播三次上书宰相："（海潮）坏人庐，

① ［元］脱脱，等. 宋史·卷96. 影印本. 北京：中华书局，1995.

② 清世宗实录·卷52. 影印本. 北京：中华书局，1986.

③ 唐律疏议·卷16. 北京：中华书局，1983.

④ ［北宋］范仲淹. 范文正公文集·卷10. 成都：四川大学出版社，2002.

⑤ ［清］顾炎武. 日知录·卷12. 上海：上海古籍出版社，2006.

不一焊锢，败侵不休。"朝廷为此拨款 2000 万两，"筑长堤以为数十年计，人益安善。"①

宋代中央向地方支出的水利兴修费也颇为可观，但支出方式比较多样。一种方式是直接拨付。宋代国库支出的有内带钱、太府钱、封桩钱、安边太平库钱等。有时中央也将留在转运司的钱米拨给两浙州县兴办水利，即"出钱币于漕库"，或干脆将本应运送国库的上供钱米留州使用，兴办水利，称为"截拨"。②北宋熙宁五年（1072 年）五月诏书中，两浙兴修水利花费巨大，需要购买土地、木料、石料，修斗门、闸门，"如食利人户物力出办不及，即许于常平仓官钱内支破。"③这里面常平仓指的是中国古代政府为调节粮价，储粮备荒以供应官需民食而设置的粮仓。修水利所需粮食等物资，当地富户无力承办时，可以去常平仓支取。

宋代中央政府支持水利建设，除直接拨给钱粮外，尚有其他方法。允许地方颁给度牒和官诰即是两种重要手段。度牒是政府发给僧人的类似身份证的东西。有了度牒就可以逃避国家一部分徭役赋税，因而具有一定的价值。政府为了解决财政问题，有时会下发一定数量的度牒，甚至发生滥发现象。宋代中央政府资助浙西兴修水利，常常不给现钱，而把颁发度牒的权利下放地方，便于地方敛财办事。官诰本来是皇帝授爵或封官的诏书，北宋朝廷曾经印发了大量的官诰售卖，以解决财政危机。官诰因为可以享受某些特权成了有价值的东西。苏轼疏浚西湖时，因耗资巨大，花费出现短缺，因此他在《乞开杭州西湖状》中除直接向朝廷申请钱粮外，还希望朝廷"更拨五十道（度牒）价钱与臣，通成一百道，使臣得尽力毕工"。《宋会要辑稿·方域十七》载："政和二年七月十二日，诏于两浙路支拨见管度牒一百道，修筑钱塘江。"赵霖在政和六年十月曾向朝廷申请"乞降空名度牒二千道，承信郎、承节郎、将仕郎官诰各五十道"。并建议朝廷"其命词，并令以兴修水利为名"。④宣和元年，赵霖再度主持浙西水利，"通支钱四十一万五千八百五十三贯九百二十文。系度牒、官诰、坊场、市易、抵当名色十九种焉。"⑤

在河堤、河渠等水利工程日常维护和管理方面，也需要地方承担主要责任。唐代制定地方负责本地堤堰日常巡视和管理工作，将中央重大事项管理和地方日常管理结合起来。除京兆河南府之外，政府规定"诸州堤堰，刺史、县令以时检行，而莅其决筑。"⑥在重要的堰渠，由地方最高

---

① [唐]杜牧.全唐文·卷 753.北京：中华书局，1983.

② 施正康.宋代两浙水利人工和经费初探.中国史研究，1987（03）.

③④ [清]徐松.宋会要辑稿·卷 124.影印本.北京：中华书局，1957.

⑤ [南宋]范大成.吴郡志·卷 19.南京：江苏古籍出版社，1999.

⑥ [北宋]欧阳修，宋祁.新唐书·卷 46.北京：中华书局，1975.

行政长官直接管理。唐代开元十六年（728年）正月，"以魏州刺史宇文融检校汴州刺史，充河南北沟渠堤堰决九河使"①。在河渠上还设立基层管理人员渠长和斗门长，每年接受州县官员的考核。"岁终录其功以为考课"。②宋初就已形成沿河州府官员兼职对河堤的维护和管理的制度。北宋开宝五年（972年）自今开封等十七州府，各置河堤判官一员，以本州通判充；如通判阙员，即以本州判官充；对巡堤时间也作为规定。宋真宗咸平三年（1000年）诏："缘河官吏，虽秩满，须水落受代。知州、通判两月一巡堤，县令、佐迭巡堤防，转运使勿委以他职。"③为加强对地方官员水利工作的监督，宋代对水利工作形成巡视、督查和管理三个级别管理制度。"差宪臣提举，守臣提督，通判提辖。县各置籍，凡堰高下、阔狭、浅深，以至灌溉顷亩，夫役工料及监临官吏，皆注于籍，岁终计效，赏如格"。④宪臣指御史台监察官员负责工程定期巡视，路和州官员负责日常监督工作，副职通判协助监督工作。作为基层县官负责具体工作，造册登记工程规模大小、工程效益、物力人力投入和官员考勤，作为年终考核依据。

第二节　水 与 国 盛 民 富

　　中国是水资源丰富的国家，中国大小河连接起来，总长度约42万千米，其中流域面积在100平方千米以上的河流达50000多条。⑤水资源利用得当，则国盛民富。《道德经》曰："上善若水，水善利万物而不争。先民们顺水之性，因势疏导，变祸为利。"《管子·水地》曰："圣人之治于世也，其枢在水。"清朝的慕天颜在奏章中曾指出："兴水利，而后有农功，有农功，而后裕国。"⑥这都说明水与富国、强国的关系。秦国主持修建的郑国渠，造就关中富裕，为统一中国奠定基础。"关中为沃野，无凶年，秦以富强，卒并诸侯"⑦。水资源丰富地区，交通便利，经济发达，也带动

①　[北宋] 司马光 . 资治通鉴·卷212. 北京：中华书局，1956.

②　[唐] 李林甫 . 唐六典·卷23. 北京：中华书局，1992.

③　[清] 黎世序 . 行水金鉴·卷9. 文渊阁四库本。

④　[元] 脱脱，等 . 宋史·卷173. 北京：中华书局，1977.

⑤　汪家伦，张芳 . 中国农田水利史 . 北京：农业出版社，1990.

⑥　[清] 许承宣 . 西北水利议·卷1. 清康熙39年刻本。

⑦　[西汉] 司马迁 . 史记·卷29. 北京：中华书局，2007.

人口繁衍。唐代的通济渠水路交通便利，周边河流密布，水量充足。在唐代前期，带动经济繁荣，促进人口增加。据《新唐书·地理志》记载，当时通济渠流经地区——河南道的户口数在全国十五道中居于首位，共计165.6万户，1650余万人，占全国户口总数的五分之一。河南道共十三州，其中尤以通济渠沿岸的河南府（118万余人）、汴州府（125万余人）、宋州府（89万余人）三州人数最多[1]。水与普通百姓生活密切相关，临水而居百姓可以从水里获取生活资料，俗话说"靠水吃水"。《元史》记载："近水之家，又许凿池养鱼并鹅鸭之数，及种莳莲藕、鸡头、菱角、蒲苇等，以助衣食。"[2]

一、水与经济繁荣

（一）水运的优势

我国地势西高东低，河流多为东西流向，而天然河流走向不利于南北之间交流。长期以来，从事转运的商人便恪守着一条不成文的法则：百里不贩樵，千里不贩籴[3]。意思是说，贩运木材范围不超过一百里，粮食买卖距离不超过一千里。商人遵循这样的法则除了有着考虑担心交通不便给运输货物带来困难，更多的恐怕是长远贩卖成本高。古代交通运输通常有水路运输和陆路运输，水路运输又包括海路运输、内河水路运输。水路的主要优势如下：

1. 载重量大

从载重量来看，明清时期城乡陆路交通以太平车为主[4]，而其仅可载数十石而已。[5]明代茅元仪也大致总结了当时的车运情况："一曰人车，两人牵推，每车运不过四石；一曰牛车，前驾二牛，以二夫御之，运不过十二石；一曰骡车，以十骡驾一车，运可至三十石，然其费亦不赀矣。"[6]按照茅元仪估算，一车最多载重750斤。清代后期，马车经过了改进，发展为两轮骡马车，车厢为平板，引出两木为辕，可套马数匹，而且车身减轻，载重量增加，每车可载一二千斤，日行百余里，

① 邹逸麟.椿庐史地论稿.天津：天津古籍出版社，2005.

② [明]宋镰.元史·卷93.北京：中华书局，1976.

③ [西汉]司马迁.史记·卷129.上海：上海古籍出版社，1982.

④ 李长傅.开封历史地理.北京：商务印书馆，1958.

⑤ [北宋]孟元老.东京梦华录·卷3.北京：中华书局，1982.

⑥ [明]茅元仪.石民四十集·卷44.四库禁毁书丛刊.

牛车载重相仿，速度更慢。①水运的载重量则明显高出很多。海船运载量最大，明代宋礼统计，"计海船一艘，用百人而运千石"，②而内河航运的河船运载量为一船二百石（石是古代的计量单位，一石为250斤），足见差异之悬殊。

2. 运费便宜

从上交官粮运输费用上，水运比陆运便宜。唐代漕运，三年的时间，运七百万石，省陆运之佣四十万贯。③有人曾对嘉陵江水运与陆运军粮做了一个比较：水运之费，就成都一路而言，自水运至军前，用钱四贯三百，可致米一石。若使税户自陆路搬运，则每石所用，三倍于水运之值。④由此可知，陆路运输的费用是水运三倍。明代"河漕视陆运之费，省什三四；海运视陆运之费，省什七八"。⑤明代漕运也比陆路运输省将近一半。

对于民间商品运输价格，水运也比陆运便宜。明代唐顺之认为"水运之费比陆运六分而减五"⑥。今人张海林将19世纪末江南客运、货运的水陆输运价格做了比较，如将其平均计算，陆路客运400文/（人/百里），水路客运为150文/人/百里，水路客运只是陆路客运的38%；陆路货运290文/担/百里，水路货运7文/担/百里，水路货运还不到陆路货运的3%。考虑到长途陆运还有投宿的费用，水运比陆运的价格更加便宜。⑦

3. 运输效率高

陆地地形地貌复杂多变。在没有机械运输的条件下，陆地运输是十分困难的事情，如唐景龙三年（700年），关中大旱，粮食价格飞涨，为救灾"运山东、江淮谷输京师，牛死什八九。"⑧说明了陆运的不易。唐代漕运是把山东和江淮漕粮至陕州太原仓后，经黄河运往渭河河口永丰仓，之后又需用牛车运往长安的太仓，最后一小段而造成运输牛大量死亡，足以说明陆路运输艰难。据史料记载，秦始皇时期，进攻匈奴而筹备军粮。"使天下飞刍挽粟，起于黄睡、琅邪负海之郡，转

① 杨克坚.河南公路运输史.北京：人民交通出版社，1991.

② [清] 夏燮.明通鉴·卷16.北京：中华书局，1959.

③ [五代] 刘昫.旧唐书·卷49.北京：中华书局，1975.

④ [南宋] 李心传.建炎以来系年要录·卷102.中华书局，1988.

⑤ [明] 邱濬.大学衍义补.四库全书本.台湾商务印书馆股份有限公司，1986.

⑥ [明] 唐顺之.北奉使集·卷1.四库全书存目丛书。

⑦ 张海林.苏州早期城市现代化研究.南京：南京大学出版社，1999.

⑧ [北宋] 司马光.资治通鉴·卷209.北京：中华书局，1976.

输北河，率三十钟而致一石。"①（按颜师古注称：每钟为6石4斗，30钟等于192石。②）就是说，当时陆运每运192石，实际才只能达到一石，可见陆运损耗之巨大。

（二）大运河与南北经济的交流

在古代只有水运和陆运两种交通方式的情况下，水运交通有着价格、载重量和效率等方便的优势，人工运河的开凿将这一优势又进一步发挥，极大地促进了南北经济交流与发展。清代李茹旻曾言，水利之一利就在于"商旅之往来"③中国的运河，最早应开凿于春秋末期的吴国邗沟，当时出于战争的需要，吴王夫差开邗沟以通江淮，将长江和淮河沟通起来。

隋代大运河开通，连接黄河、海河、淮河、钱塘江和长江五大水系，全长3000多里，流经浙江、江苏、河南、河北和山东等诸省，北接北京，南达杭州。隋代以后，尽管大运河航道有所变化，大运河仍继续通航，成为纵贯1000多年南北经济交流的水上大动脉。运河上的许多城市如天津、扬州、淮安和杭州等均因运河而蓬勃发展，成为经济强市。运河不仅给所经地区带来经济繁荣，还辐射周边地区经济发展。因下游扬州、南京、镇江等城市的兴盛而受影响，局部区域经济区的形成也依赖于运河，济宁、临清、德州形成山东运河经济带，将鲁西南和鲁北的山东半岛经济联系起来，清代后期，又与烟台、青岛两个海口相连，为近代山东区域经济结构，以及内联与外运相结合的地区经济打下了基础。

明代永乐时期工部尚书（负责全国工程营建和管理的最高行政长官）宋礼重新浚通会通河后，恢复南北大运河航运能力，运河南北交通日益活跃，即所谓"河道疏通，漕运日广，商贾辐辏，财货充盈"。④明代江南是全国棉纺织业的中心，其产品数量多、质量好，行销全国；而北方广大地区棉花种植虽已普及，棉纺织业尚不发达，所以"吉贝则泛舟而鬻诸南，布则泛舟而鬻诸北"。⑤运河沿线形成很多纺织品中转市场，其中尤以临清最为出名。明代隆庆年间（1567—1572）、万历年间（1573—1620），临清城内有布店73家，绸缎店32家，布匹年销量至少在百万匹以上，绸缎

① ［西汉］司马迁.史记·卷112.北京：中华书局，1975.

② ［东汉］班固.汉书·卷64.北京：中华书局，1962.

③ ［清］李茹旻.李鹭洲集·卷8.四库全书存目丛书。

④ 明太宗实录·卷13.北京：中华书局，1985.

⑤ ［明］徐光启.农政全书·卷36.长沙：岳麓书社，2002.

销量也相当可观，是当时北方最大的纺织品交易中心 ①。北方消费市场对江南丝、棉织品的依赖，使纺织品贸易成为明代运河商品流通最主要的内容。

明代大运河对江南农业种植结构也有一定的影响。大运河运输便捷使得发展商品经营性农业成为可能，改变单一粮食种植结构。在人口增长压力、漕粮重赋和利润等多种因素驱动下，江南地区农业经济结构开始由原来单一的粮食种植向甘薯、花生、烟草、桑蚕和棉花等多种经济作物种植转变。经济作物种植面积扩大，粮食种植比例日益缩小，如"松江府各县州农田种稻者不过十之二三，图利种棉者，则有十之七八"，苏州府昆山、太仓等县也是"郊原四望，遍地皆棉"，②其他府州县农业经济结构也不同程度发生了转变。江南地区粮食生产的下降直接影响到粮食市场的变化，大约从明代中期开始，江南地区开始成为缺粮地区，家庭日常消费所需的粮食需要外地接济，每到秋熟时节，"百千万艘入楚籴米"，湖广、江西等地成为江南地区粮食消费的主要供给地区，自唐宋以来一直处于全国粮仓地位的江南地区反而转为国内最庞大的粮食消费市场。

（三）水运与百姓生活品

运河带动南北物资交流，满足百姓生活用品的需要。江南所产棉布即"捆载舟输，行贾于齐鲁之境常十六，彼民之衣缕往往为邑工也"③北方所产梨枣等果品同样运往江南，满足南方市场需要。阳谷县地近东昌府治，梨枣栽植颇为兴盛。东昌一带的梨枣除供应本地外，大部分都随回空漕船销往江南。"每岁以梨枣附客江南，以换取银两作为日用及交纳赋税"。④据许檀教授的考察研究清代乾隆年间，山东梨枣等干鲜果品，经运河仅运往江南者，每年就达5000万～6000万斤之多⑤。通过水运运输，将其他地区优质的产品本地百姓的需要，无疑提高生活品质。天津土质不好，粮食产量不高，往往依赖别处供应。"麦则取给于河南，米则受济于苏浙，秫粟菽豆之属亦莫非仰食于邻"⑥。漕运主要保证京城皇室、贵族和军队粮食等物品供应。百姓对粮食需求主要依赖市场供应。为保证

① 许檀．明清时期的临清商业．中国经济史研究，1986（2）．

② 崇祯太仓州志·卷14．

③ 嘉靖常熟县志·卷4．

④ 康熙唐邑县志·卷16．

⑤ 许檀．明清时期山东商品经济的发展．北京：中国社会科学出版社，1998．

⑥ 民国天津县新志·卷265：1056．

民间粮食供应，允许使用运河输运，并且强调地方官员不准刁难。"商贩自运粮食，北来售卖，于畿辅民食，不无稗益。清直隶总督告诫各地方官，出示晓谕，遇有北上商船，所过闸座关隘，不准留难。"① 进入北京的粮食，不仅有江浙湖广的粳、糯米，而且有山东、河南的大豆、小麦。商品交流不仅带来生活品满足，也带来商品生产和销售收入增加，增强其满足百姓需要的动力。山东济宁是山东烟草生产加工的中心，"环城四五里皆种烟草，制卖者贩郡邑皆遍，富积巨万"②。

（四）水运与粮价稳定

粮食是老百姓生活的核心，粮价关系老百姓生活的稳定。政府采用两种手段稳定粮价：一种是行政手段，强行定价，规定涨幅；一种是经济手段，增加供给，由市场决定粮价。行政手段短期有效，但长期稳定粮价，还得靠增加市场供应。漕运尽管是一种强制征集南方部分地区粮食供应京城制度，但它对京城粮价贡献不可小视。清代前期全国粮价相对稳定，而且较长时间保持在每石一两至二两银子左右，漕运功不可没，并且也有利于平抑其他商品价格。"南货载北，填实京师，百物不致腾贵，公私充裕。"③ 漕运也有助于平抑其他地区物价。道光开始尝试海运，漕运中断，受此影响。淮安"云帆转海，河运单微，贸易衰而物价滋贵"④。一个最明显表现之一因贸易衰弱而导致淮安物价上涨。

伴随着漕运而生的夹带私货，利用漕船夹带其他商品贩卖，对平抑商品更是大有好处。在中国历史上，漕运中很早就存在利用漕船之便，从事以盈利为目的的贩运私货现象。在宋代，封建统治者为了稳定漕运运输者队伍，便在确定运务不受影响的前提下，默认、许可了漕船中的贩私活动。宋太宗曾公开对朝臣表示："舟人水工有少贩鬻，但不妨公，一切不问。"⑤ 宋代漕船贩私活动不合法，但只要不影响漕运运输，少量走私，一般也不惩处。

明洪熙元年（1425年）明宣宗下的一道敕谕说："官军运粮，道远勤劳，寒暑暴露，昼夜不息，既有盘浅之贸，粮耗米折，所司又责其赔补，朕甚悯之。今后除运正粮外，附载自己的什

---

① 清宣宗实录·卷214.影印本.北京：中华书局，1986.

② 王培荀.乡园忆旧录·卷8.

③ [清]魏源.皇朝经世文编·卷46.北京：中华书局，1992.

④ 光绪淮安府志·卷2.

⑤ [南宋]李焘.续资治通鉴长编·卷35.北京：中华书局，2004.

物，官司毋得阻挡"。①明成化元年（1465年），政府明令宣布免除"各处运粮旗军附带土宜物货"的税课②。明弘治十五年（1502年）规定："运军附带土宜不得过十石。"明代漕船贩私活动开始合法化，但限制贩私数额。清初，在漕运中保留了明后期制度，允许每艘漕船北上时携带六十石免税私货。同时规定：漕船在出发和北经仪真、淮安、天津时，接受专官查验，"其余衙门俱免盘诘"。康熙初年，运河沿途税卡一度纷纷拦查漕船，从湖广到河西务关卡不下一二十处，极大地制约了运输者的私货运销活动。不久，在漕运官员的要求下，清政府限制了税卡对漕船的盘查③。雍正六年（1728年），清廷修改了原有的规定，允许南返空船每艘可带六十石梨、枣等免税货物。随后，又先后将每艘北上漕船私货数额放宽为一百石、一百二十六石④。到嘉庆四年（1799年），再扩大北运私货限额，"共足一百五十石之数，俾旗丁等沿途更资沾润"。⑤清代进一步扩大贩私数额。

政府所以允许漕运贩私的原因：一是运丁待遇低。雇募水手"亦赤贫穷汉"，一年仅得六两工银。到每年停运期间则陷于失业境地，还经常受到官府剥削。对运丁本人而言，是获利丰厚引诱。如清人说：在天津收买一石私盐不过三四钱银，而运到江南可卖三四两银，"以十倍之利"，故在漕船中屡禁不止。二是带来物价稳定。乾隆时，官僚阿桂也向皇帝反映："漕粮系天庾正供，而例带土宜，亦为民间日用所必须。一旦严查限制，京城价值不无腾贵。"⑥

二、水与政治稳定

（一）兴修水利与政权稳定

兴修水利，促进经济繁荣。关中是西汉王朝统治中心，关系稳定，要保证经济持续发展和稳定。汉武帝时期系西汉鼎盛时期，有足够财力和人力为这种稳定做出贡献。贡献之一的表现就是

---

① 康熙．嘉兴府志・卷10.

② 万历大明会典・卷27.

③ [清] 魏源．皇朝经世文编・卷46.北京：中华书局，1992.

④ 光绪大清会典事例・卷207.

⑤ 清仁宗实录・卷56.影印本．北京：中华书局，1986.

⑥ [清] 魏源．皇朝经世文编・卷47.北京：中华书局，1992.

汉武帝致力于在关中兴水利约十数处，持续时间基本贯通汉帝一朝。带来是关中地区繁荣。"关中之地于天下三分之一，而人不过什三，然量其富什居其六。"①

水利工程投入巨大，需要具备一定的经济基础。因此经济基础越扎实的地方，水利工程兴修越频繁。唐代以前江南经济发展薄弱，作为基础产业的农业其生产环境恶劣。"江南卑湿"，"地薄，寡于积聚"。②生产水平处在较低阶段，"地广人稀，饭稻羹鱼，或火耕而水耨"③此一时期，少有水利工程在此开工。根据冀朝鼎《中国治水活动的历史发展与地理分布统计表》所提供的数据统计，春秋至隋长江下游地区所属州县的水利兴建工程共有 64 项。④与此形成鲜明对比的是，根据唐代长江下游地区水利工程的统计，该一时期共建有水利工程 104 项，超过了唐以前历代修建水利工程的总和。⑤这其中一个重要原因唐代南北经济差距在迅速的缩小，经济中心开始由北向南转移。

唐代前期，经济中心在黄河中下游地区，水利工程兴修的重点也在这一区域。根据有关研究统计，唐代前期所兴修的水利工程的总数为 113 项，其中江南、淮南、剑南、山南、岭南五道仅有 31 项，占总数的 27.43%；而关内、河南、河北、河东四道，则有 82 项之多，占总数的 72.57%。唐代前期水利工程的兴修大多集中在高宗、武则天和玄宗时期，尤其在唐玄宗开元年间是唐代经济发展的顶峰时期。安史之乱以后，北方社会经济凋敝，人口大量减少，"中间畿内，不满千户"。⑥黄河中下游地区被军阀割据，唐政府中央财政锐减。"赋入倚办，止于浙西、浙东、宣歙、淮南、江西、鄂岳、福建、湖南等道，合四十州，一百四十四万户。比量天宝供税之户，四分有一。"⑦时人也充分认识"天宝之后，中原释耒，輦越而衣，漕吴而食。"⑧唐政府把经济发展中心转移到东南地区，与经济大有裨益的水利工程也主要兴建在这一地区。与前代相比，此一时期经济明显有所下滑。唐后期水利工程的修建明显少于前期，有确切年代记载的水利工程共有 77 项，无

① [西汉] 司马迁. 史记·卷 69. 北京：中华书局，1975.

② [西汉] 司马迁. 史记·卷 129. 北京：中华书局，1975.

③ [西汉] 司马迁. 史记·卷 19. 北京：中华书局，1975.

④ 冀朝鼎. 中国历史上的基本经济区与水利事业的发展. 北京：中国社会科学出版社，1981.

⑤ 陈勇. 论唐代江下游农田水利的修治及其特点. 上海大学学报（社科版），2006（2）.

⑥ [五代] 刘昫. 旧唐书·卷 120. 北京：中华书局，1975.

⑦ [北宋] 王溥. 唐会要·卷 84. 上海：上海古籍出版社，1991.

⑧ [清] 董诰，等. 全唐文·卷 630. 北京：中华书局，1983.

年代记载的水利工程有7项。在这77项水利工程之中，关内、河南、河北、河东四道仅有16项，占20.28%，而江南、淮南、剑南、山南、岭南五道水利工程兴修的数量达到62项，占80.52%。仅江南、淮南两道就达48项之多，占62.34%，说明在唐代后期水利工程的兴修主要集中在江南、淮南两个地区，而特别是这两个地区中的楚、扬、润、常、苏、湖、杭、和、寿、越、明、福、泉、宣、江、洪等十余州。以上诸州恰巧正处在唐后期东南漕运线的两岸，这绝不是一种历史的巧合，而是与唐代朝廷对东南诸州经济上的依赖大有干系。[①]一旦发生灾荒，从南方调拨粮食赈灾。德宗贞元时期（785—805），长安饥荒，从江西、湖南运稻米十五万石，经襄阳以至长安。[②]

唐代处于经济中心由北方向南方转移的历史过程，北方新修的水利工程略多于南方，宋代完成经济中心转移，宋代水利工程南方明显多于北方。据近代政治经济史专家李剑农统计，宋代为1048项，宋代北方地区则只有78项。[③]由此看出，经济对于水利建设的促进作用。

（二）漕运与政权稳定

"泛舟之役"是中国历史上第一次有明确记载的内陆河道水上运输的一个重大事件。春秋鲁僖公十三年（公元前647年），晋国发生灾情，秦国自雍（今陕西凤翔城南）运粮，由渭河经黄河再经汾河，运于晋国绛（今山西侯马境）。

为解决渭河河道曲折、水量少、路程远和易堵塞等影响漕运的情况，隋代开皇四年（584年）重新开凿汉代的漕渠，取名为广运渠，大大缩短山东漕粮到长安路程。漕渠开通不久，就被用上输送救灾物资。开皇六年（586年）"关中大旱，青、兖、汴、静、曹、亳、陈、仁、瞧、豫、郓、洛、伊、颍、邳等州大水，百姓饥馑，高祖乃命苏威等分道开仓赈济，又命司农丞王宜发广通之粟三百余万石救关中。"[④]，广通这里指的是广通仓（今陕西华阴渭河南岸）。把广通仓的漕粮借助漕渠赈灾。

漕运存在主要是为了解决政治中心粮食等物品供应问题。为运输漕粮，魏惠成王十年（公元

① 王洪军．唐代水利管理及其前后期兴修重心的转移．齐鲁学刊，1999（4）．

② [北宋] 王钦若，等．册府元龟·卷630. 北京：中华书局，1983.

③ 李剑农．中国古代经济史稿．武汉：武汉大学出版社，2005.

④ [唐] 魏征，等．隋书·卷24. 北京：中华书局，1973.

前360年）开辟沟通黄河与淮河之间的运河，被称作鸿沟，使魏国"粟粮槽庾，不下十万"，[1]唐都长安"关中地狭，衣食难周"，[2]中央政府尚需调拨外地粟米入京。唐代，江淮租米上解京师的最早记载，唐高祖武德二年（619年）年八月扬州都督李靖运江淮之米，以实洛阳。[3]洛阳是南北经济交通中枢。隋代建立的大运河以洛阳为中心向北、向南辐射。唐代江淮漕粮运输到长安，分为两个阶段：第一个阶段把漕粮运输到洛阳，经汴河入黄河，运输相对便利；第二个阶段从洛阳陆路运输到三门峡，再转入渭河水道，相对第一个阶段运输困难一点。此时，都城在长安，因长途运输问题，存在一个问题：一旦长安发生灾荒，漕粮因路途遥远救灾功能便削弱。如果都城在洛阳便能迎刃而缓解。唐代解决方式之一，一旦长安发生经济困难，纷纷跑到洛阳就食。唐长安三年（703年），武则天准备返回长安，大臣以长安物资供应不及洛阳而反对。"神都（洛阳），吊藏储粟，积年充实，淮海遭运，日夕流衍。地当上合之中，人悦四方之会，陛下居之，国无横费。长发府库及仓，庶事空缺，皆籍格阳转输。"[4]武则天执政二十五年，在长安只住了两年，有二十三年是在洛阳度过的。此外，玄宗在位二十五年，也就食洛阳五次，居住九年之多。洛阳在唐代如此重要地位，漕运便利是一个重要原因。

三、水与农业兴盛

自古以来，历朝历代都以农业立国，"农为国家急务，所以顺天养财，御水旱，备疆场之本源也。"[5]而农业与水利建设的关系又是密不可分的，"灌溉之利，农事大本"。[6]在以农业为主的传统社会经济体系中，因地制宜地发展农田水利，是防治和减轻水旱灾害的重要一环，正所谓"稼穑，民之命也；旱涝，民之患也。有民命之寄者，可不思所以备其患哉！"[7]明正统年间（1436—1449），还把农田水利建设的实效纳入地方官的考成之中："令有司于秋成时修筑堤岸，

---

① [南宋]王应麟.通鉴地理通释·卷9.文渊阁四库全书本。

② 册府元龟·卷144.北京：中华书局，1960.

③ 册府元龟·卷498.北京：中华书局，1960.

④ [北宋]王钦若，等编修.册府元龟·卷113.中华书局，1960.

⑤ [南宋]李焘.续资治通鉴长编·卷166.北京：中华书局，1979.

⑥ [元]脱脱，等.宋史·卷95.北京：中华书局，1977.

⑦ 清嘉靖和州志·卷9，稀见中国地方志汇刊。

疏浚陂塘，以凭瓢陟"。[1] 清代对地方的好、堰、堤、坝、破、塘水利的兴修和维护也做出了规定："每年督令各县于农隙之时，亲诣查验，遇有坍塌，随令有田之家修筑，坚固以防不测，并具结达部。"[2]

（一）兴修水利与农业生产发展

"水利与农业相表里"[3] 明确水利工程与农业之间关系。如明代徐悟就认为"岁事无常捻，旱荒居多。荒政非一端，水利为急"，因此必须"兴水利以备旱荒"。[4]

大型农田水利工程投入大，小农经济社会一家一户生产模式无法完成水利工程，必须依靠政府力量的投入。在农业社会，政府对水利投入是对百姓生活最大保障。《牧令书辑要·农桑》也认为，"政莫善于养民，养民莫大于水利"，[5] 最高统治者也深知农业与水利的关系。朱元璋曾大力提倡农田水利，明洪武二十八年（1395年）在全国范围共兴建"塘堰凡四万九百八十七处，河四千一百六十二处，破渠堤岸五千四十八处"。[6] 康熙就指出"水利一兴，田苗不忧旱错，岁必有秋，其利无穷"。[7] 雍正也指出"地方水利，关系民生，最为紧要"[8]。

水利工程对自然界仍存在很大依赖，尤其是农田水利工程成效仍依赖于水资源。北方水资源稀缺，受天气影响明显。江南河流密布，人工修建的水利工程相对北方收效更大，正如古人曾说："陆田者，命悬于天也"，原因就在于"人力虽修，苟水旱不时，则一年之功弃矣"，就是说北方农田的灌溉有效，不仅仅取决人力所为，还决定于天气气候。南方"田之制由人，人力苟修，则地利可尽"，[9] 十分明确地指出南方兴修农田灌溉设施的重要性，无论旱涝，都能保证粮

---

① 道光宿松县志·卷6.

② 康熙安庆府志·卷2.

③ 乾隆续河南通志·卷24.

④ ［明］陈子龙，等.明经世文编·卷82.北京：中华书局，1962.

⑤ ［清］徐栋原.牧令书辑要，江苏书局1868.

⑥ ［清］张廷玉.明史·卷120.北京：中华书局，1975.

⑦ 赵之恒，等.清圣祖圣训·卷35.北京：北京燕山出版社，1988.

⑧ 清世宗实录·卷52.影印本.北京：中华书局，1986.

⑨ ［北宋］李昉，等.太平御览·卷56.北京：中华书局，1975.

食丰收。

在一些远离河流湖泊的北方地区，利用打井取水来浇灌农田。这种方式被称为井灌。《吕氏春秋·察传》记载："宋之丁氏，家无井而出溉汲，常一人居外。及其家穿井，告人曰'吾穿井得一人'。"意思是说家里凿一口井，浇水方便，等于增加了一个劳动力。井灌的发展提高了农业劳动生产率和单位面积产量，使粮食丰收有了保障。《农政全书》记载说："近河南及真定诸府，大作井以灌田，旱年甚获其利，宜广推行之。"[1]清代许州"道光二十七年（1847年），新开井三万余眼，灌溉田地24万余亩，增产谷物28.8万余石"。[2]打井灌溉农田在缺水北方地区，是一个使粮食普遍增产的一个方法。在实践中，人们还总结出合理的水井布局方法，以防旱排涝。"在百亩田中，四角及中间各穿一井，每井可灌田二十亩，四周挖沟渠，深阔各一丈多。旱时提井水灌田，涝时放田中水入沟"。[3]

至于打井的费用，据《清实录》记载，乾隆初年，山西、陕西、山东、直隶等省谷价若一石平均以一两计之，则开一小井，只需一二石谷之价，开一小砖井需三五石、七八石谷之价，至于砖石大井，丁壮较多的富裕农户则可能办到，亦可数家共同开凿。打井的成本普通农户都可以承担，即使负担不起，也可以共同承担打井费用。

至于灌井溉田亩数，如崔纪说："其灌溉之法，小井六七丈以下，皆可用人力汲引，每井可灌田四五亩；大井深浅二丈上下，水车用牲口挽拽，每井可灌田二十余亩"。在农田里打井收益也远超过担水浇田。在风调雨顺的年景"可比常田二三倍之多"。又说"井浇一亩，厚者比常年不啻数倍，薄者亦有加倍之入。"至遇旱年，"虽井水亦必减少，然小井仍可灌三四亩，大井灌十余亩。在常田或颗粒无收，而此独仍有丰收"。[4]相较而言，打井后因粮食丰收而获得收益完全可以抵消之前的费用。

（二）淤灌与农业发展

利用河水灌田，水被农作物吸收后，河水中的所带来泥土沉淀下来改变土质，增加土壤肥力方式，被称为淤灌。唐高宗年间（628—683），赵州宁晋县令程处默曾修渠引洨河水溉田，使碱卤

[1] [明] 徐光启 . 农政全书 · 卷36. 长沙：岳麓书社，2002.

[2] 陈树平 . 明清时期的井灌 . 中国社会经济史研究 .1983（4）.

[3] [明] 顾炎武 . 天下郡国利病书 · 卷50，四部丛刊本。

[4] 陈振汉 . 清实录经济史资料（第2分册）. 北京：北京大学出版社，1989.

严重的土质得以改善，"地用丰润，民食乃甘"。[①]

汴河水源主要来自于黄河，黄河注入汴河的河水泥沙大，沿岸居民早在唐代时就利用这一特点进行淤田，增加土壤肥力，改变盐碱地。"唐人凿六陡门，发汴水以淤下泽，民获其利，刻石以颂刺史之功。"[②]北宋漕运网贯穿南北，而漕运给农业带来最直接的作用即为灌溉。北方利用漕运淤灌取得明显效果，苏辙谈黄河所淤时曾说："宿麦之利，比之他田，其收十倍。"[③]

北方井灌

四、水与城市发展

（一）古都定都中的水因素

水是生命之源。人类生产和生活离不开水。早期人类为取水方便，一般临河而居。都城作为国家政治和经济中心，为人口聚集的大城。众多人口用水和取水的问题，是都城选址的重要考虑因素。管子曾经就都城选址与水的关系提出这样的标准。《管子·乘马》中说："凡立国都，非于大

---

① ［北宋］欧阳修. 新唐书·卷39. 北京：中华书局，1975.

② ［北宋］沈括. 梦溪笔谈·卷25. 北京：中华书局，1975.

③ ［北宋］苏辙. 栾城集·卷40. 北京：中华书局，1990.

山之下，必于广川之上。高毋近旱，而水用足；下毋近水，而沟防省。"强调都城选址要注意水源问题，防止干旱，以便于就近取水，同时又要注意排涝问题。

中国古代在都城选址的时候均会把水的因素考虑进去。夏代先后建都的地方有阳城（今河南登封告城镇）、晋阳（今山西临汾，即平阳）、安邑（今山西夏县）等10处，主要位于颍水、汾水、沁水等沿岸。商代先后建都的地方有商（今河南商丘县）、亳（今郑州市）、殷（今安阳市）等11处，主要位于睢水、洹水、河水及其支流沿岸。周代在迁都丰京以前，先后建都的地方有邰（今陕西杨陵南）、豳（今陕西长武、彬县一带）、岐（今陕西岐山、扶风交界地区的周原）等11处，加上丰京（今西安西南沣河西岸）、镐京（今西安西南沣河东岸），合计13处①，主要有邰、豳、岐、丰、镐5处，位于渭水、泾水、沣水、畤沟河沿岸。由此可见，夏、商、周三代的都城大都位于河流的沿岸，显然与就近解决供水问题有密切关系。春秋战国时期，诸侯割据自立，所选择都城仍然是临近江河而建。齐国都城临淄本身都城名字取得就是临近淄水之义，鲁国都城曲阜位于洙水和泗水之间，魏国后期的都城安邑坐落洹水之岸。

在中央集权的封建王朝时期，都城选址仍然与水密切关联。西汉定都长安（今西安），其原因引用张良的解释："关中左崤函，右陇蜀，沃野千里，南有巴蜀之饶，北有胡苑之利。阻三面而守，独以一面而专制诸侯。诸侯安定，河渭漕挽天下，西给京师。诸侯有变，顺流而下足以委输，此所谓金城千里，天府之国也。"②概括起来地势险要，有函谷关和崤山作为天然屏障，关中平原土地肥沃，临近巴蜀天府之国。水路交通便利，利用黄河和渭水河道，天下粮食供应京师。地方反叛，顺流而下，能够及时平叛。由此可见，长安水路交通便利是西汉选择在此定都的一个重要原因。在长安所处关中平原有著名的泾水、渭水、洛水、灞水、浐水、沣水、滈水、潏水和涝水，还有鹤池、盘池、冰池、镐池、初池、糜池、蒯池、郎池、牛首池、积草池、东陂池、西陂池、当路池、洪池陂、苇埔、美陂、樵获泽等湖泊。由于河湖池沼众多，被称为"陆海"③，有着"被山带河""八水绕长安"之说。因此，除西汉外，从公元前770年开始，东周、西汉、隋、唐、后唐等13个朝代先后在这里建都，后唐以后，长安就再也没被选为一个统一中央王朝的都城，也与水有关。其中一个重要原因是航运不便利，带来漕粮运输供应困难问题，都城漕粮供应不足，难以维持一个都城。其实这个问题在唐代中后期已经出现，自唐

① 丁山 . 由三代都邑论及民族文化 . 历史语言研究所集刊，1935（5）.

② ［西汉］司马迁 . 史记·卷55，北京：中华书局，1975.

③ ［东汉］班固 . 汉书·卷65. 北京：中华书局，1997.

代安史之乱以后，经济重心南移，再加上北方地方军阀割据，长安漕粮供给依靠东南租赋。东南转运漕粮到长安路途遥远，且经过渭水水道，而此时渭水水浅泥沙多，航运条件差，且费时费力，以至常常因为转运不及时，造成京城长安缺粮的窘迫，导致皇帝不得不驻扎洛阳"就食"。长安此时已不适合作为都城，只不过长安作为都城乃开国皇帝所定，后代子孙碍于祖制不好更改。另外，迁都耗费巨大人力和物力，并不是轻易就能办到的事情。唐初没有出现这个问题，其原因在于：一是长安所处关中地区，在当时经济富饶，京城一部分消费就地解决。二是漕粮主要由北方山东等地供应，为解决渭水河道弯曲且水量少不适宜漕运的弊端，唐代开凿人工运河漕渠，漕渠的开凿直接缩短航运历程，使得山东等地漕粮及时运往长安。安史之乱后，漕粮由江淮提供，漕渠作用降低，作为需要维护人工运河，自然得不到重视，漕渠河道淤塞不用。

北宋选择开封作为都城，完全因为水路交通运输的便利。早在战国时代魏国开凿鸿沟。鸿沟全长约250千米，它把流经豫东黄河平原的主要河流贯穿起来，构成一个以大梁为中心，沟通黄河下游、淮河中下游之间的水运网。《史书·河渠志》称："荥阳下引河东南为鸿沟，以通宋、郑、陈、蔡、曹、魏、卫，与济、汝、淮、泗会。"鸿沟水系的沟通，由此使大梁成了四通八达的水运网中心，形成"北距燕赵，南通江淮，水路都会，形势富饶的名都大邑"，[①]北宋考虑开封做一个统一的大帝国都城，在与辽对峙情况下，还必须将军事防御摆在极其重要的位置。西汉、唐代等选择长安作为都城，都考虑到军事防御的重要性，长安具备地势险要的因素。开封地处豫东平原。"平原沃野，弥望千里，非有高山峻岭为之险"，地势并不险要，军事上无险可守。更为致命的是，在其北方还面临强大的对手辽国。此时幽云十六州已割让给辽国，两者之间军事缓冲地带空间被压缩，辽国铁骑只需几天时间便可越过平坦的华北平原直达开封，在地理空间上，辽国与宋朝都城开封之间距离不利于纵深防御。开封城作为都城还有一个缺点是不利于排涝，因为地处平原，地势较低，排水困难，很容易积水，发生水灾。正如《左传·桓公元年》曰："凡平原出水为大水。"西汉梁孝王的王都最初在开封就是因为这个原因迁到地势较高的睢阳（今河南商丘）。如果遇到降暴雨，"俯灌都城，其势然也。"[②]因此，宋太祖选择开封作为都城也曾发生动摇，曾欲迁都洛阳或长安。但是北宋统治者之所以最终坚持选择开封作为都城，一个重要原因是开封的水路交通的便利。作为都城既是国家统治机构中心，也是人口聚居地，其延续需要解决都城巨大人

---

① 李润田.开封城市的形成和发展.河南大学学报，1985（3）.

② ［明］李濂.汴京遗迹志.北京：中华书局，1999.

口的粮食等消费品供给问题。在古代，没有大型现代机械化的运输工具情况下，大宗消费品粮食等的运输主要依靠陆路交通和水路交通。陆路交通时间和人力成本显然大于水路交通。历代统治者对都城物质供应方式和工具一般采用水路交通，逐渐形成漕运制度。北宋统治者建都考虑都城漕运的便利，长安和洛阳作为都城有地势险要的优点，但对于漕运却有着明显的劣势，战乱破坏，河道湮废，无法通漕运。如果选择建都，必须重新开挖渠道或者疏通原有渠道，对于一个新生王朝，这是一个耗费国力的事情。而开封就有了明显的优势。五代时，后梁、后晋、后汉和后周均在此建都，有现成四通八达的水陆交通。开封可直接通漕运有四路：汴河，淮南路、江南路、两浙路、荆湖路的租籴，皆由此运至京师；黄河，陕西诸州藏粟经此沿流入汴，运至京师；惠民河，陈、颍、许、蔡、光、寿六州之漕米，由此入京；广济河，京东十七州之粟帛，即由此运至京师。此外，广南金银、香药、犀象、百货，陆运至虔州（今江西赣州），而后水运至京师；川陕（峡）诸州金帛，自剑门列传置分辇负担以至，和布及官所市布自嘉州（今四川乐山）水运送江陵，自江陵遣纲吏运送京师。[①] 其中汴河漕运提供粮食足以养活数十万军队，保卫开封。"岁至江、淮米百万斛，都下兵数十万人仰给焉。"[②]

另外，此一时期对开封威胁最大的黄河河道由邙山向东北方向而去，经濮阳、河北大名，沿天津而下渤海，离开封有一段距离，不足以构成开封的水患威胁，黄河对定都开封有利无害，相反在北方给开封构成一道天然屏障。

南宋定都杭州也充分考虑漕运的便利。杭州位于大运河南端，连接江南运河，运河贯通城内外，这一段运河水量充沛，水文条件良好，利于大船行驶，有利支持杭州供给。"国家驻跸钱塘，纲运粮饷，仰给诸道，所系不轻。水运之程，自大江而下至镇江则入闸，经行运河，如履平地，川、广巨舰，直抵都城，盖甚便也。"[③]

另一方面，杭州密布的河道成为对不习水战的金兵成为天然防御屏障。宋金战争中，宋军处于被动防御阶段，而杭州地处后方，又居水网地带，纵横交错的江河湖泊，不利于骑兵活动，所以高宗赵构说："朕以为金人所恃者骑兵耳。浙西水乡，骑虽众不能骋也。"[④]

---

① ［元］脱脱，等．宋史·卷175.北京：中华书局，1976.

② ［南宋］李焘．续资治通鉴长编·卷17.北京：中华书局，1980.

③ ［元］脱脱，等．宋史·卷97.北京：中华书局，1976.

④ ［南宋］李心传．建炎以来系年要录·卷27.北京：中华书局，1988.

（二）城市发展中的水因素

水井的出现，使人类居住范围扩大，不再靠近湖泊和河流居住。但水井提供水量有限，过度依赖水井会限制人类聚居区规模。人类聚居区发展到城市的规模，却仍然需要河流和湖泊提供水源。尽管当今人类社会工业技术提高，利用水、开发水和运输水效率和能力提高，但城市生存和发展依然依赖水。例如，石家庄位于滹河岸上，太原位于汾河岸上，济南位于小清河岸上，郑州位于贾鲁河岸上，呼和浩特位于清水河岸上，沈阳位于太子河岸上，长春位于伊通河岸上，哈尔滨位于松花江岸上，合肥位于南肥水岸上，武汉位于长江岸上，南昌位于赣江岸上，长沙位于湘江岸上，福州位于闽江岸上，广州位于珠江岸上，南宁位于邕江岸上，海口位于南渡江岸上，贵阳位于南明河岸上，昆明位于盘龙江岸上，成都位于岷江岸上，兰州位于黄河岸上，银川位于黄河岸上，西宁位于湟水岸上，乌鲁木齐位于乌鲁木齐河岸上，拉萨位于拉萨河岸上，台北位于淡水岸上，几乎无一例外。①

一个城市的发展必须有充裕的条件，交通畅达是重要的自然因素，都城的生存与发展更是如此。南宋杭州《梦粱录》卷一六《米铺》中载："杭州人烟稠密，城内外不下数十万户、百十万口"。每日人口消耗，仅普通百姓。如吴自牧在《梦粱录》中记载："每日街市食，除府第、官舍、宅舍、富室及诸司有该俵人外，细民所食，每日城内外不下一二千余石，皆需之铺家。"每年漕粮，正如南宋大臣楼钥所说："江湖米运输京师，岁以千万石计"②。解决这些消费需要外来运输。因而时人感慨："杭城常愿米船纷纷而来，早夜不绝可也。"③杭州城便利水运交通解决这一问题。"临安古都会，引江为河支流于城之内外，交错而相通，舟揖往来，为利甚博。"④政府也非常重视杭州地方官的选任。"杭州户十万，税钱五十万。刺史之重，可以杀生，而有厚禄，朝廷多用名曹正郎有名望而老于为政者而为之。"⑤

在古代社会，水路交通的通畅尤为重要。正如自古之"南船北马"说一样，在江南，水运是极其重要的交通手段。"常、镇、苏、松、嘉、杭、湖内之地，沟河交错、水港相通。惟舟楫之

---

① 马正林.中国城市的选址与河流.陕西师范大学学报，1999（4）.

② [南宋]楼钥.攻媿集·卷54.影印清乾隆四十五年武英殿聚珍版本。

③ [南宋]吴自牧.梦粱录·卷16.杭州：浙江人民出版社，1980.

④ [南宋]李心传.建炎以来系年要录·卷112.北京：中华书局，1959.

⑤ [北宋]李昉，等.文苑英华·卷660.北京：中华书局，1982.

行，则周流无滞，而步行马驱，每一二里必过一桥，或百五十里，必船渡而后得济。"① 许多城市因为水运交通便利而兴盛。宁波城东、北、南三面环江，府城盘结于三江口中，"海船可以出入，此宁波所以易富也"。② 在唐代，"凡东南郡邑无不通水，故天下货利，舟楫居多"。③ 这也直接解释了唐代南方经济逐渐缩小北方差距的一个重要原因——水运交通便利，便于经济发展。明人王士性在分析湖州经济富庶之时，即以水运优越为其成因："浙十一郡，惟湖最富，盖嘉、湖泽国，商贾舟航易通各省"。④

一个城市水路交通情况的改善，可以带来经济繁荣，进而提升城市地位。山东德州，隋唐为长河县，宋为将陵县，此时隋代大运河以洛阳为中心成扇片连接，北连北京南连杭州，运河并不于此经过。元代重修大运河，改变原有运河线路，不再取道河南，而是在山东境内贯通，北京与杭州直接相连。德州位于山东运河沿线，行政地位也立即得到提升。"元为陵州，明清为德州"。⑤ 同样的情况也出现在山东临清。明朝以前一直为县，永乐元年（1403 年）春季，临清税课局只收到商税 29 贯 500 文，明成祖不得不下令暂缓收税。⑥ 而永乐九年（1411 年）开始重新疏浚大运河，给位于运河沿线城市临清带来了社会全面复苏的机遇和活力。由于临清位于会通河与卫河的衔接之处，成为漕运航程中的"腰脊、咽喉"川之地。明弘治二年（1489 年）升为州，属东昌府。临清钞关万历六年（1478 年）所收船钞商税达到八万三千二百两，超过京师所在的崇文门钞关，居当年全国八大钞关之首。民国时铁路运输兴起，不再运输漕粮，大运河来往船只减少，经济下滑，复降为县。

需要强调的是，一些江南市镇，并没有随着大运河衰落而导致经济衰败。浙江省桐乡县的乌青镇在民国时采用先进轮船等交通工具，水路商贸仍很兴盛。"航业市集之繁盛，全恃交通之便利。吾镇虽无铁道公路之通达，但轮舟往来，快班船、旧式航船，逐日来往各埠。"⑦ 没有衰落的原因是水路交通仍畅通。

① ［清］俞大猷.正气堂集，道光二十一年三月刻本。

② ［清］段光清，镜湖自撰年谱.北京：中华书局，1960.

③ ［北宋］王谠，唐语林·卷 8.影印清文渊阁四库全书.台北：台湾商务印书馆，1985.

④ ［明］王士性.广志绎.北京：中华书局，1981.

⑤ 李树德.德县志·卷 2.民国二十四年刊本。

⑥ 明太宗实录·卷 19.永乐元年五月甲午条.台北：台湾中央研究院历史语言研究所，1963.

⑦ 乌青镇志·卷 21.中国地方志集成。

第三节　水　与　国　祸　民　殃

一、水患与国祸民殃

（一）水患与王朝的覆灭

　　水是人类生产和生活的重要资源，没有水，人类就无法生存。国家遇到水旱灾害，政权稳定性就会受到威胁。周幽王二年（公元前 780 年）西周三川（指关陇地区的泾河、渭河和洛河）发生地震，史官伯阳甫借此预测西周灭亡，其依据是夏朝因伊水、洛水枯竭而灭亡，商代也因黄河水干旱而亡。而今就像夏商末期，地震堵塞河流流向引发河水枯竭。伯阳甫断言，周亡不超过十年。最终预言得到验证。

　　河流是古代国防军事上的一个天然屏障，对于河水湍急、河面宽广的黄河更是天然的屏障。在北宋与辽、金的军事对抗中起到重要保障作用，这一点也为北宋士大夫所认可。如宋时士大夫庆幸宣称："澶渊之役，非河为限，则契丹不止。"[1]认为宋真宗澶渊之战，北宋战败，如果不是黄河天险阻挡，辽不仅仅是占领河北诸地。李垂上书认为："御边之计，莫大于河。"[2]

　　金政权面对蒙古铁骑的南下，借鉴曾用北宋利用黄河防御其南下方式。宋宣宗贞祐三年（1215 年），单州刺史颜盏天泽也主张利用黄河作为守御之道，"当决大河使北流德、博、观、沧之境。"其理由是黄河水决堤后，四下泛滥，没有固定流向。不利于过河。"水势散漫，则浅不可以马涉，深不可以舟济，此守御之大计也。"[3]

　　一旦河流被敌方所占领，其屏障作用反变为敌方进攻工具。挖开河堤放水，作为一种战争的方式，早在春秋战国时期已经出现。齐桓公时的楚国侵略宋、郑，就曾经在河中筑坝抬高水位，放水淹灌数百里的地区，为此，齐桓公出兵楚国，胁迫楚国拆除拦河坝。当时决堤放水作为一种战争手段，在春秋诸侯争霸时经常被使用，军事家孙武在军事著作《孙子》一书中肯定这一做法，并分析其在战争中的优势。决堤放水会大量破坏农田、毁坏家园，增加战后重建负担，并因大量人口溺水而死加深两国仇恨，并不利于关系的恢复。在霸主齐桓公的主持下，公元前 651 年在葵

---

① [北宋]范祖禹.范太史集·卷41.文渊阁四库本。

② [元]脱脱，等.宋史·卷91.北京：中华书局，1977.

③ [元]脱脱，监修.金史·卷27.北京：中华书局，1975.

丘之会上订立的盟约，其中"无曲防"条款，明令禁止这种以邻为壑的行为，并禁止修建危害他国的水利工程。公元前225年，秦大将王贲引鸿沟水灌大梁，魏国灭亡。鸿沟开凿于战国时期魏惠王六年（公元前365年）。迁都大梁以后，以黄河为主要水源的鸿沟既是魏国崛起与强盛的条件，最终也被秦利用，遭受灭国之灾。

决堤放水这种战争方式并没有彻底从历史上消失。五代藩镇割据，907—960年在黄河流域先后建立梁、唐、晋、汉、周五个政权。其中后梁和后唐之间改朝换代战争尤为激烈，屡次发生掘开黄河大堤来攻击对方的事件。唐昭宗乾宁三年（896年）四月，朱全忠为阻挡晋军，掘开滑州黄河大堤，"河涨，将毁滑州城，朱全忠命决为二河，夹滑城而东，为害滋甚。"[①] 梁将谢彦章进兵杨刘，"决河水，弥漫数里，以限帝军"。[②] 北宋与辽政权对峙时期，河北视作军事缓冲地带，并曾计划辽国一旦南下，掘开漳河、御河，阻止其南下。"万一有警，可决漳、御河东灌，塘淀隔越，贼兵未易奔冲。"[③]

在王朝即将灭亡之际，政权上层不顾人民死活常常决河自保，但终将未能挽回其灭亡的命运。如金太宗天会六年（1128年），南宋东京留守杜充在滑县决开黄河堤，以阻金兵。黄河夺淮入海，黄河再一次改道。而这一次改道影响巨大，改变之前黄河、淮河单入海的情况，改道后由于黄河水量大、泥沙多，常冲毁淮河河道，造成淮河下游泛滥。唐代江淮财赋之地，成为常年受灾地区。金哀宗开兴元年（1232年）正月，金朝为防蒙古军进攻都城开封，遣完颜麻斤出等率民万人，于开封西北"决河水卫京城"。

（二）水患与政权的不稳定

严重、频繁的水灾、河患所带来巨大破坏性，人们谈"水"色变。西汉成帝建始三年（公元前30年）秋，三辅一带下了30余天大雨，淹死4000余人，冲毁民居8万余所。一个名叫陈持弓的小女孩为逃命，莽撞闯进未央宫。突如其来的事情震惊朝野，大洪水马上要来的传言传遍京城，大将军王凤也深信不疑。建议太后和皇帝上船逃离京城，组织官民上城墙避难。百官中唯左将军王商认定"此必讹言也，不宜令上城，重惊百姓"。[④] 最后事实证明的确是谣言，但也反映，在大

① ［北宋］司马光. 资治通鉴·卷260. 北京：中华书局，1956.

② ［北宋］薛居正，等. 旧五代史·卷28. 北京：中华书局，1975.

③ ［元］脱脱，等. 宋史·卷196. 北京：中华书局，1977.

④ ［东汉］班固. 汉书·卷82. 北京：中华书局，1962.

灾面前，政府抗灾组织无力，老百姓对政府信心丧失。

灾害面前，政府威信在经历着严格的考验。古人认为水旱灾害是上天对于朝廷腐败和官吏贪腐不满，以对此警示。汉武帝元封四年（公元前107年），因"河水滔陆，泛滥十余郡，堤防勤劳"，丞相石庆未能提出有效救灾策略而被罢官。西汉元帝永光元年（公元前43年），丞相于定国在诏书的责谴下强乞骸骨，西汉成帝建始四年（公元前29年），因大水，河决金堤，"御史大夫尹忠对方略疏阔，上切责之，忠自杀"。上述因灾害而罢免官员，并没有明显的失职行为，在大灾面前，本应该君臣同心共渡难关，而如此草率罢免官员，激化君臣关系，削弱其内部凝聚力，种下政权不稳定的种子。

王莽时期水旱灾害严重，"河决魏郡，泛清河以东数郡"[1]，荆州、扬州一带"连年久旱，百姓饥穷，故为盗贼"。王莽窃取汉室江山而登基，统治时期，重心放在统治集团内部安抚和镇压，对关系百姓民生的水利工程建设没有兴趣。仅见于史书中的水利工程有"以广汉文齐为太守，造起破池，开通灌溉，垦田两千余顷。"[2]仅有一次还是地方兴建。是否因为缺乏水利人才，还未能兴水利，答案是否定的。王莽曾征能治河者数百人，其中不乏善于治河的人才，如大司马史长安张戎、大司空椽王横等人。然而王莽"但崇空语，无施行者"[3]，并不切实去兴修水利，导致水旱灾害频繁爆发，在水旱灾害压力下，农民无以为生，引起农民起义。

（三）水患与百姓生活的贫困

明代时，西湖贯通杭州城，与京杭大运河相连接，西湖水也成为此段运河重要水源，杭州百姓水路出行和日常生活所需都依赖西湖。南来北往交通也凭借西湖水路。西湖不仅影响杭州城百姓日常生活，也影响南北交通交流，也决定杭州未来的发展。"若西湖占塞，则运河枯涩，所谓南柴北米，宦商往来上下阻滞，而闾阎贸易，苦于担负之劳，生计亦窘。"[4]西湖水道堵塞，不仅影响杭州城内外的交通，还影响城内百姓的生活。水旱灾直接导致物价上涨，百姓生活的困苦。

水灾带给老百姓的痛苦更为明显。明天顺五年（1461年），河决开封，数县受灾，受灾严

---

① [东汉] 班固. 汉书·卷99. 北京：中华书局，1962.

② [南朝·宋] 范晔. 后汉书·卷86. 北京：中华书局，1965.

③ [东汉] 班固. 汉书·卷29. 北京：中华书局，1962.

④ [明] 田汝成. 西湖游览志·卷1. 上海：上海古籍出版社，1980.

重的祥符县，"米薪之价涌贵数倍。"[1] 清乾隆二十四年（1759年）七月，旱灾遍及晋中、晋南几府数十州县，平遥县"大旱无雨，斗米至银八钱有零"[2]。汾州府的介休县，"值岁大旱，斗米千钱"，百姓无以为生，食草度日，"穷民食草木，形骨之"[3]。清光绪长治县"旱饥，时斗米银五钱"[4]。

二、治水时机选择不当与国力民生的负担加重

中国虽然是水资源丰富的国家，但水资源的自然分布却不均衡，其自然存在状态并不能完全符合人的需要，南方多雨湿润，水资源丰富，但在雨季容易形成水灾；北方少雨干旱，水资源匮乏，容易形成旱灾。因此，人们需要通过水利工程改变自然一些不合理分布状态来兴利除害。

水利工程兴修本是一件利国利民的事情，但需要考虑国家和百姓的承受能力，选择合适的时机，才能利国利民，否则会适得其反，好事变坏事。北宋哲宗元祐年间范祖禹等人抨击河役竟致河北路、京东路、京西路境内民不聊生，认为河役乃是"自困民力，自竭国用"[5]。

清王朝全盛时期，丰年全年税收征仅4000万两，"乃河工几耗三分之一"[6]。因此，工程建立需要考虑国力的承受能力和时机，否则会搞得国力衰竭，尤其是在双方战争对峙期间。金世宗大定八年（1168年），河决李固渡（今河北魏县西黄河渡口）后，有人建议大兴工役，使河回故道，但河南统军使完颜宗叙反对复河，认为"沿河数州兴大役，人心动摇，恐宋人乘间扇诱，构为边患"。[7] 反对意见理由就是在战争对峙期间，大兴工役，劳民伤财，动摇人心，给对方可乘之机。这充分表明了兴修时机的重要性。隋代开凿大运河时间就选择了一个不恰当的时机。从长期来看，大运河有利于南北经济交流，开凿运河是一件功在当代、利在千秋的事情。但隋代大运河并不是

---

① ［清］李同亨 修 . 祥符县志 · 卷6. 天津：天津古籍出版社，1989.

② ［清］恩端，等 修 . 平遥县志 · 卷12. 清光绪九年刻本。

③ 乾隆介休县志 · 卷5. 中国地方志集成山西府县志辑 . 南京：凤凰出版社，2005.

④ 光绪长治县志 · 卷5. 中国地方志集成山西府县志辑 . 南京：凤凰出版社，2005.

⑤ 宋朝诸臣奏议 · 卷127. 上海：上海古籍出版社，1999.

⑥ ［清］周馥 . 河防杂著四种。

⑦ ［元］脱脱，监修 . 金史 · 卷27. 北京：中华书局，1975.

单纯的重新开凿，而是把前代相互独立的几段运河河道加深扩宽，恢复淤塞运河运力，开挖新的运河河道，使之相互连接起来。隋代初年，在国家经济恢复休养生息的阶段，开凿运河，给经济和民众带来了极大负担，激化了矛盾。隋代大运河的开凿，劳动人民付出了极大的代价。当时，全国的人口还不满5000万，光去开凿运河的人就达300多万。在修河过程中，为追赶工程，修河河工大量死亡，"役丁死者什四五，所司以车载死丁，东至城皋，北至河阳，相望于道"[1]，为解决男劳动力不足的问题，甚至抽调妇女从事修河。"丁男不供，始以妇人从役。"[2] 隋炀帝本身好大喜功，在挖掘运河的同时，建宫室，造龙舟，伐高丽，劳役不断，不断的盘剥和永无休止的劳役超越百姓承受的底线。开凿永济渠后不久的大业七年（611年），山东邹平人王薄就在黄河下游的章邱首先举起反隋大旗，燃起农民起义的烈火。隋炀帝在大业十四年（618年）被杀害，隋王朝随之灭亡。

　　治水所带来的巨大财政负担转嫁给了普通百姓，造成百姓生存困难，激化了社会矛盾。于是治水所积聚的众多劳动力转化成了起义的力量，对王朝统治造成威胁。元代至正十一年（1351年）贾鲁用堵塞方法治理塞治白茅河河患的时候，参加治河河工萧县芝麻李、赵君用等人利用治河加重百姓负担，治河劳工不堪劳役之苦乘机举起起义大旗。起义前一年，黄河南北传颂"石人一只眼，挑动黄河天下反"[3] 为起义的正义性披上神圣的外衣。

治河劳工举起起义大旗

① [北宋] 司马光. 资治通鉴·卷180. 北京：中华书局，1976.

② [唐] 魏征，等. 隋书·卷30. 北京：中华书局，1962.

③ [明] 宋濂. 元史·卷64. 北京：中华书局，1976.

三、漕运与国祸民殃

"漕运之制，为中国大政"[1]。漕运是一种将特定地区以粮食为主物品强行征收运送到京城一种特殊经济制度，"国家建都燕京，凛官晌兵一切给与遭粮，是遭粮者，京师之命也"。漕运的征收也导致被征收地区经济的日渐萧条。"东南财用窘耗日甚，郡县鲜有兼岁之储"[2]的局面。

漕运盛况

漕运制度执行完全依赖行政命令，在征收、运输和完纳等多个环节存在漏洞，粮米征收地区，近的有两千里，远的达到四五千里，中间被浪费和贪污的超过原本征收额度。漕粮征收历代发展不仅没有得到完善反而愈加僵化，完全忽视市场价值规律。浙江歉收米价贵却仍照常征收，造成市场米少价格上涨更快。而恰好此一年度，京城附近大丰收，粮食价格低，浙江一石粮食在京城只能卖四五斗价钱，甚至二三斗价钱。如果按照市场价值规律办事，此一年度浙江漕粮全部改折银两，而在京城买粮，即能减少因为运输而产生耗费，而又能减轻浙江百姓负担。这一建议明代就有人提出。"盖米自江南而输于京师，率二三石而致一石，则是国有一石之入，而民有二三石之输。若是以银折米，则是民止须一石之输，而国已不失一石之入。其在国也，以米而易银，一石就一石也，于故额一无所损。其在民也，以轻而易重，今之输一石者，之输二三石者也，于故额，则大有所减矣"[3]。但仍然坚持漕运制度，"然而其法终不可易者，漕粮系京师之必需，固不暇顾国

---

① 康有为. 康有为政论集. 北京：中华书局，1981.

② [南宋] 李焘. 续资治通鉴长编·卷466. 北京：中华书局，1995.

③ [明] 陈子龙，等. 明经世文编·卷261. 北京：中华书局，1962.

力与南民耳。"① 因此被认为是弊政。"漕能使国贫，漕能使水贵，漕能使河坏。"②

（一）阻碍民间商品经济流通

运河开凿主要的目的是输运漕粮，正如明人徐涉所言："至于运河，乃专为粮运而设，骚递官船亦是借行，况私船装载客货者，可横行其间而无忌乎？"③ 大运河开凿以后，几乎为漕粮运输所垄断。大运河一直都承担着漕运的重任。④ 历代封建政府为保障漕运的畅通，都对运河航运做出了漕运优先航行的规定。如明代规定："粮运盛行，运舟过尽，次则贡舟，官舟次之，民舟又次之。"⑤ 清代道光五年（1825年）试行海运漕粮后，传统的漕运逐渐走下坡路。到1900年，清廷下令湘赣等六省漕粮一律改折银两，河漕运输遂告终止。

运河河道疏浚不惜代价，也是出于通漕的目的。钱泳在《履园丛话》中指出："国家修治黄河岁无所惜，修治运河费无所惜者，为转漕故也。"对黄河治理，一旦涉及到漕运，对黄河治理标准认定，不是堵住缺口，疏通河道，而是是否便于漕运的运输。明隆庆五年（1571年）由于州河工告成，潘季驯请奖励治河的官员。穆宗质问说："今岁漕运比常更迟，何为辄报工完？"令工部核复。工部尚书朱衡复道："河道通塞，专以粮运迟速为验，非谓筑口导流便可塞责。"⑥ 运河首先必须满足漕运的需要，其次才能供其他官船和民间商船行驶。明清时期，漕船每年重运北上者达一万多艘，每年十月开始交兑，次年九月方可完成，运河中几乎漕船不断。因此，南北民间商船无法自由地行驶河中，抑制了运河水运网络潜能的发挥，阻碍了商品物资的正常流通。缺乏正常商品交换，京城粮食的来源严重依赖漕运，造成来运渠道单一弊端。一旦漕运受阻，京城粮食供应将得不到保证，将会直接影响京城稳定。唐代都城长安也因漕运不济而发生经济危机。"唐代景龙三年（公元9年），关中饥，米斗百钱，运山东，江淮谷输京师，牛死什八九。"⑦

1851年太平天国起义爆发后，接连攻克南京、镇江、扬州等运河沿线城市，切断了运河北上

① [清]陆燿辑.切文斋文钞·卷17.清乾隆四十年刻本。

② [明]陈子龙.明经世文编·卷491.北京：中华书局，1962.

③ [明]陈子龙.明经世文编·卷356.北京：中华书局，1962.

④ 陶敏.明清淮安漕运与地方社会.北京：北京师范大学，2008.

⑤ [清]傅泽洪，等 编.行水金鉴·卷119.四库全书本。

⑥ [清]傅泽洪，等 编.行水金鉴·卷26.四库全书本。

⑦ [北宋]司马光，等 编.资治通鉴·卷209.北京：中华书局，1956.

的漕运通道。这对清政府来说是一个沉重的打击。清代京城皇室、达官贵人、驻军等庞大国家供养人员所需要粮食依赖每年由运河输运400万石漕粮。运河输运中断，对清政府来说是生命线的中断，京城一片慌乱，粮价飞涨。只有近京之地由海道运粮不多，故京城米价八十余文一斤，油盐柴炭贵不待言。

（二）影响城市经济发展

漕运对于城市经济发展的一个明显的弊端是人为影响城市发展。南宋绍兴十一年（1141年）宋金和议，重新确立双方边界，东以淮河为界，形成对峙局面，人为将隋代建立的大运河分为两段，大运河作为连接南北经济往来作用随之消失。既然大运河作为南粮北运水路工具不再起作用，淮河以北需要投入巨大的人力和物力的运河水道修浚工程便逐渐停止。淮河以北的水道，便渐渐湮塞废弃，因而影响了此一时期北方运河沿线的发展。在北宋之后开封由一个国家都城和经济中心逐渐沦为地区中心城市。近代铁路兴起后，郑州取代开封，连地区中心城市的地位也逐渐丧失。

元代时，重新开凿疏通隋代的大运河，并且改变原来取道河南的线路，裁弯取直，直接贯通山东。山东境内的运河是否畅通，直接影响运河南北商品交流的通畅，影响南北沿线城市的经济繁荣。以山东临清为例，充分说明了临水城市的发展对于水路交通的依赖。明代洪武二十四年（1391年）黄河决口，会通河被淤塞，临清此时是一个没有城墙的县城。明代永乐九年（1411年）重新疏通会通河，临清位于会通河与卫河交汇的地方，逐渐成为南北漕运的转输中心。明代正统十四年（1449年）正式建城，贸易兴盛，外来人口涌入，城市人口增加，临清成为一个典型的商业城市。明代正德（1505—1521）、嘉靖年间（1521—1566），堂邑人穆孔晖也记载临清商贸繁盛，以致商贾的人数多于本地居民。"四方商贾辐辏，多于居民者十倍"。[①] 明代万历二十八年（1600年），意大利传教士利玛窦经过临清，他在对临清的描述时说道："临清是一个大城市，很少有别的城市在商业上超过它。不仅本省的货物，而且还有大量来自全国的货物在这里买卖，因而常有大量的旅客经过这里"。[②] 再据明代万历三十年（1602年）统计，临清的濒河地区即新城有布店73家、缎店32家、杂货店65家，[③] 经济的发展促进政治地位的提高。弘治二年（1489年），临清升为直隶

---

① ［明］穆孔晖.玄庵晚稿·卷2.

② 何高济，等 译.利玛窦中国札记.北京：中华书局，1983.

③ 明神宗实录·卷367.台北：台湾中央研究院历史语言所，1962.

州，领馆陶、丘县二县，^① 行政级别与府等同，不同于一般府下设的州。

明清易代并没有阻碍临清的发展步伐，临清又一次发展起来。临清便利的位置交通注定一旦发生战争，这里便会成为兵家必争之地，命运会再度坎坷。清代乾隆三十九年（1774 年），山东爆发王伦起义，起义军一度占领漕运重镇临清旧城。临清位于山东运河中段，"缢毂南北水陆咽喉"^②，是京杭大运河水路交通必经之路，处于军事争夺的临清南北交往的水路交通被掐断。但随着起义被镇压，临清又恢复往昔繁荣。"绵亘数十里，市肆栉比"。^③

清代咸丰三年（1853 年），北伐太平军在天津被围，后续援军与清军在临清激战，临清经济再一次遭受重创。正所谓"经王伦之劫而商业一衰，继经咸丰甲寅之变而商业再衰"。清代咸丰五年（1855 年），黄河在河南兰考铜瓦厢决口，把山东运河拦腰截断。清政府正忙于镇压太平天国起义，无力治理黄河和运河。黄河水携带大量泥沙，决口后漫流并在运河中沉淀，致使运道淤塞。大运河丧失了强大的运输能力，大运河的淤塞使运河商业衰败。临清作为因运河而兴的典型城市，也迅速衰落，"自漕运既停，汶河亦塞，百货之转输，仅赖卫水一流"，"向之南北孔道，悉变为膏腴良田"，最终"运河淤涸而商业终衰"，"满目劫灰，元气不复"。^④ 从以上临清在明清时期的历史发展轨迹可以看出，临清经济发展明显地受外部影响，当时临清城里住的基本上是外地客商。道光《济宁直隶州志·食货》中便有过这样的记载："虽临清、济宁，号为繁盛，又皆游商，土著无几"。一旦与外部水路交通隔断，经济便衰落。漕船不通，给沿岸运河城市及居民带来严重影响。例如雍正九年（1731 年），江西巡抚谢明奏称："南北货物多于粮船带运，京师藉以利用，关税藉以充足，而沿途居民藉此以为生理者亦复不少，若一停运，则虽有行商贩卖贸迁，未必能多，货物必致阻滞，关税亦恐不无缺少"。^⑤ 这是对停漕后的淮安的真实写照。光绪年间（1875—1908）淮安绅商士庶公建的"恩公路碑"记述淮城的盛衰状况时指出："清淮扼南北水陆之冲，揽河漕、盐关之要，夙称繁盛"，然自"艘停运，江海通轮，舟车罕至，遂日即凋敝"。^⑥ 淮安经济繁荣昌盛来自漕运畅通，淮安经济衰落又由漕运衰微而起。

① ［清］张廷玉，等.明史·卷41.北京：中华书局，1975.

② ［清］魏源.圣武记.北京：中华书局，1984.

③ 乾隆临清州志·卷11.

④ ［民国］张自清，等 修纂.临清县志·卷8.民国二十三年铅印本。

⑤ 雍正朱批谕旨.第11函，雍正九年。

⑥ 经君健，等.中国经济通史·清代经济卷（中）.北京：经济日报出版社，2000.

（三）保运为先与农田灌溉矛盾

大运河为人工开挖河道，需要天然河流水源补充来保证运河河道水位支持通航。大运河经过江南地区，因江南地区河流密布，降雨量充沛，几乎不存在水源不足的问题。

大运河经过北方地区，因北方天然河流少且降雨量小，水源补给能力与南方相比明显不足，向大运河提供足够的水源来保证通航是一个挑战，大运河北方河道经常因干涸而失去通航能力。

在旱季，大运河水源还面临农业用水的争夺，北方地区干燥，水资源稀缺。为保障农业生产，运河沿线百姓经常引运河水来浇灌农田，进一步加剧了运河水量不足导致的通航不畅困境，这一困境在运河山东段表现尤为明显。"漕运之制，为中国大政"①，当漕运与农田用水发生冲突，统治者往往以维护私利目的出发，坚持漕运的原则。

江南漕粮北上运输关系社稷安定，为保证漕粮运输，就必须保证运河水量充足。明朝政府曾公开规定："舟楫、碾碾者不得与灌田争利，灌田者不得与转漕争利。"②

为此，明朝政府将山东运河沿线地区的河流和泉水几乎全部划归为运河专用水源。据《明会典》记载，山东段运河沿岸东平、汶上、平阴、滕县等多达 18 个州县共计约 255 处泉水先后被划定为运河专用水源。③为防止百姓农业用水来争夺运河水源，影响漕粮运输，当地居民皆不得从中取水使用，否则将要被追究法律责任。明成化十年（1474 年）明令规定："凡故决南旺、昭阳湖堤岸及阻绝泰山等处泉源者，为首之人发充军，军人发边卫。"④充军在古代仅次于死刑一种刑罚，相当于现在的无期徒刑，可见惩罚之重。在严格执行下，山东境内"沂、泗、汶、洸诸水挟百八十泉之流，互相转输以入于运，环千里之土，举名山大川之利以奉都水，滴沥之流居民无敢私焉。"⑤用运河水来灌溉农田有着明确的时间规定，康熙年间规定，每年三四月间，卫河沿岸开闸灌田。五月初一以后，即"关闭民田水闸，以保证漕船顺利通行。"⑥清代临清"漕运通时，每年四五月间于卫河上游尽堵渠口，禁民私泄灌溉"。⑦

---

① 汤志钧.康有为政论集.北京：中华书局，1981.

② [明]孙承泽.春明梦余录·卷46.

③ [明]申时行，重修.大明会典·卷197.江苏广陵古籍刻印社，1989.

④ [明]申时行，重修.大明会典·卷198.江苏广陵古籍刻印社，1989.

⑤ 万历兖州府志·卷19.济南：齐鲁书社，1985.

⑥ [清]杨锡绂.漕运则例纂·卷12.影印本.江苏广陵古籍刻印社，1994.

⑦ [民国]徐子尚，等.临清县志·卷2.台北：台湾成文出版社，1968.

运河沿线百姓用水得不到保证，直接后果就是当地农业生产衰落。以山东滕县与峄县为例。元代漕粮主要实行海运，不存在漕运与农田灌溉争夺当地水资源的困境。农业用水得到保障，当地种植的是水需求量大的农作物——水稻。到了明代，漕粮有运河运输，境内泉水"则一切归之以济漕，而行水者奉法为厉，即田夫牵牛饮其流，亦从而夺之牛矣。"[①]牛尚且禁止引运河水源水，更无论水稻种植用水。峄县早在唐代就已大兴水利工程，灌溉田地数千顷。到了明代"一遇水旱，农民便争相流亡，日久以后境内荒田一望无际，常数十里无人烟"，[②]可见因为漕运，抗旱防涝水利设施失效。

当夏季雨水充沛时，运河水位高涨，需要将运河中的水排出，保障运船的安全。通常选择做法就是将运河直接排泄到农田里。运河所经过的鲁西平原地势低洼，排水不畅，容易积水成灾。这时一个好的解决办法就是修筑水渠将积水排到运河里，以免农田受灾。明代成化年间（1465—1487），山东巡抚原杰下令修筑河渠直通张秋运河，积水得以排泄。但此时，运河水位也在高涨，积水排泄过度会造成运河两边大堤冲毁，运河航线中断。管河衙门严禁积水排往运河，造成当地水患。"东昌、兖州等地之水，最初多由范县竹口出张秋城南五空桥流入运河，迩来桥口淤塞，河臣不许浚之出，恐伤漕水遂缩回浸诸邑，而濮尤甚。"[③]积水长期侵蚀，消耗土地肥力，加重当地盐碱化程度。因而东昌、兖州运河以西地区成为明代山东盐碱地重点分布地区之一。

这种为了保运在旱季限制用水，在夏季把水直接排泄到农田的做法在山东微山湖地区表现得更为明显。为保障沿线运河水量的充足供给，明清政府将山东微山地区的水源以修建水库的方式存起来。一些水库坝堤原本修建高度为一丈一尺高，后扩建为一丈四尺，水量充沛的季节常常蓄水到一丈六尺，溢出去的水常常淹没农田造成水灾。到了干旱季节，农田需要灌溉，却不开闸放水，任由田地干涸。"山东之水惟许害民，不许利民，旱则益旱，涝则益涝"。[④]保漕毁田的做法直接影响漕运本身，粮食产量降低使得漕运运输的粮食数量无法得到保障。

（四）保漕济运与治河之难

黄河泛滥的危害性远高于其他河流。"中国之水非一，而黄河为大。其源远而高，其流大而

① 滕县史志办公室. 万历滕县志·卷 3. 扫描油印本.1985.

② [明] 顾炎武. 天下郡国利病书. 四部丛刊本。

③ [清] 王士性. 广志绎·卷 3. 北京：中华书局，1981.

④ [清] 葛士浚. 皇朝经世文续编·卷 47. 光绪二十四年上海书局石印本。

疾，其质浑而浊，其为患于中国也，视诸水为甚焉。"① 危害之一就是黄河改道频繁，"三十年河东，三十年河西"是黄河频繁改道历史的真实写照。"水溢由于水道之不修，救患莫如除患之"。② 黄河泛滥如果单纯从治河角度上解决，采用拓宽河道，疏浚河道，加高和加固堤坝等手段，完全可以人为治理好，但黄河治理之所以难，就在于它的治理是和漕运联系在一起的。

运河为人工挖掘，水源来自于自然河流。黄河走向由东向西，为漕运开挖的运河由南向北，黄河与运河常常有交叉。尤其在明清时期，黄河常常能为运河提供水源，甚至黄河本身充当运河，例如明清时期山东徐州至淮阴段运河。运河水量主要由黄河提供水源，尤其对处在北方干旱地区的运河段尤为重要。"运道自南而达于北，黄河自西而趋向东，非假黄河之支流，则运道浅涩而难行。"但是黄河易泛滥，一旦泛滥常常冲毁运河，南北漕运停滞，成为对漕运最大的威胁。明清时期黄河泛滥多次冲毁山东会通河运道，造成漕运停运。"利运道者莫大于黄河，害运道者亦莫大于黄河"③ 黄河治理必然与保漕济运联系起来。明孝宗在弘治六年二月的敕书最能代表明代治黄与保运的大政方针，"朕念古人治河只是除民害，今日治河乃是恐妨运道，致误国计，其所关系盖非细故。"④ 这样的做法增加了治理黄河的难度。清代学者张希良在论及明代治河时就曾说过："大抵明之患者惟河，所沾粘不能释者亦然。昔者所谓，古人治河但避其害，而明治河兼资其利，亦势之不得不然也。"⑤ 充分说明了明代治黄所不能成功的根本原因，黄河对运河的影响是巨大的，有了"治黄河，即所以治运河"⑥ 的说法。治水脱离本身治理的根本目的——除水害，而承载太多的外在东西，这也是其不能成功的重要原因。"今之治水者，既惧伤田庐，又恐坏城郭；既恐妨运道，又恐惊陵寝；既恐延日月，又欲省金钱；甚至异地之官，竞护其界，异职之使，各争其利；议论无画一之条，利病无审酌之见；幸而苟且成功，足矣！欲保百年无事，安可得乎？"⑦。

① [清] 顾炎武 . 天下郡国利病书 · 卷 54. 上海：上海古籍出版社，2012.

② [清] 王寅清，等 修 . 霍邱县志 · 卷 1. 中国地方志集成安徽府县志辑 . 南京：凤凰出版社，2005.

③ [明] 陈子龙 . 明经世文编 · 卷 184. 北京：中华书局，1962.

④ 明孝宗实录 · 卷 72. 弘治六年二月丁巳条 . 台北：台湾中央研究院历史语言研究所，1963.

⑤ [清] 张希良 . 河防志 · 卷 2. 清雍正刻本。

⑥ [明] 万恭 . 治水筌蹄 · 卷上 . 北京：水利电力出版社，1985.

⑦ [明] 谢肇淛 . 五杂俎 · 卷 3. 北京：中华书局，1959.

第二章 「天人感应」灾异观下的水及其对国家政治的影响

由于科学知识的匮乏，远古人类对自然界的事物充满着好奇与恐惧，认为是上天主宰着世间万物，人类的活动也受到上天的制约，当发生灾害时，则是上天对人类的惩罚。汉朝董仲舒进一步完善了这些思想，创立了"天人感应"的灾异观，此观点对中国古代社会起了重要影响。水作为自然界的一种事物，本身没有道德属性，但是在"天人感应"的思维下，它成为衡量封建君主道德优劣、治国兴衰的标尺。任何因缺水而导致的旱灾，或是因多水而导致的洪灾，都是上天对人间的惩罚。因此，为了防止水旱灾害的发生，皇帝往往会祭祀水神，当有水旱灾害发生的时候，君主则会自谴，调整国家政策，以应对天灾，客观上有利于社会的发展。

第一节 "天人感应"灾异观的产生和发展

中国古代灾异观产生于先秦，到汉代，经过董仲舒的总结日臻完备，在以后各代又有所发展，清代以后，逐渐被科学的灾害认识所代替。

一、先秦时期的灾异观

中国远古人类由于科技水平的低下，对于自然界的许多事物和自然现象如日、月、星、辰、山川、雷电等无法解释，于是就产生了惧怕进而崇拜的心理。他们认为万物有灵，正是这些神灵主宰着世间万物。而人类与自然界存在着某种联系，也会受到神灵的控制。于是他们祭祀神灵，祈求获得神灵的庇护，消除灾害。每个神灵所主宰的灾害不一样，因此祭祀神灵也有一定的规定，所谓"山川之神，则水旱、疠疫之灾，于是乎禜之。日月星辰之神，则雪、霜、风、雨之不时，于是乎禜之"[①]。也就是说遇有水旱、瘟疫灾害，则要祭祀山川之神，而遇有雪、霜、风、雨等灾害则要祭祀日月星辰之神。

古人还认为人事、政事与自然界也存在着联系，许多灾害都是人事、政事不顺的征兆。因此，当时的统治者一旦遇有自然灾害就会祈求于天，祭祀神灵，甚至不惜用自己身体作为祭祀品。《吕氏春秋》记载，商汤灭夏朝以后，开始治理国家，赶上大旱，五年没有收成，商汤感觉是上天在惩罚自己，于是把自己作为祭品来祈求上天保佑，他说："余一人有罪，无及万夫。万夫有罪，在

---

① ［春秋］左丘明.左传.李炳海，宋小克 注评.南京：凤凰出版社，2009.

余一人。无以一人之不敏，使上帝鬼神伤民之命。"①百姓大悦，也许真是上天感动，不久天降大雨，百姓得以活命。春秋宋景公时，天大旱，巫师占卜必须以人来祭祀方能消除旱灾。于是宋景公自当祭品，立刻天降大雨。

灾异现象有时还预示着国家的灭亡。周幽王二年（公元前780年），西周三川皆发生地震，伯阳父曰："周将亡矣! 夫天地之气，不失其序; 若过其序，民乱之也。阳伏而不能出，阴迫而不能烝，于是有地震。今三川实震，是阳失其所而镇阴也。阳失而在阴，川源必塞; 源塞，国必亡。夫水土演而民用也。水土无所演，民乏财用，不亡何待? 昔伊、洛竭而夏亡，河竭而商亡。今周德若二代之季矣，其川源又塞，塞必竭。夫国必依山川，山崩川竭，亡之征也。川竭，山必崩。若国亡不过十年，数之纪也。夫天之所弃，不过其纪。"②同年，三川枯竭，岐山崩塌。几年后，西周灭亡。

关于灾异发生的原因，古人一般归咎于君王的失德，而消除灾异的方法就是修德，即所谓的"修德弥灾"。据《史记·殷本纪》记载，帝太戊立，伊陟为相，亳这个地方出现了桑树和穀树共生的现象，一夜之间就长成了合抱之粗，这是一个非常奇异的现象。帝太戊非常害怕，就问伊陟，伊陟曰："臣闻妖不胜德，帝之政其有阙与? 帝其修德。"帝太戊听从了伊陟的意见，不久之后，桑树和穀树死去。又有帝武丁祭祀成汤，第二天，有只野鸡飞在了祭祀所用的大鼎的耳朵上，鸣叫不止。武丁大惧。祖己曰："王勿忧，先修政事。"于是武丁修政行德，商朝逐渐复兴。③太戊和武丁两位帝王正是休整政治，广行恩德才消除了灾异。周文王更是修德的典范，当时周朝遭遇天灾，周文王召集各级官员开始审视自己的为政。《逸周书》记载："维周王在酆，三年遭天之大荒，作《大匡》，以诏牧其方，三州之侯咸率。王乃召冢卿、三老、三吏大夫、百执事之人，朝于大庭。问罢病之故，政事之失，刑罚之戾，哀乐之尤，宾客之盛，用度之费，及关市之征，山林之匮，田宅之荒，沟渠之害，怠堕之过，骄顽之虐，水旱之灾。曰:'不谷不德，政事不时，国家罢病，不能胥匡，二三子不尚助不谷，官考厥职，乡问其人，因其耆老，及其总害，慎问其故，无隐乃情。'及某日以告于庙，有不用命，有常不赦。"④后来周文王开始修理政治，国家安定。

先秦时期，古人怀着对天的敬畏，希望通过自己的德行来得到上天的认可，免除人间的灾害。

① ［战国］吕不韦. 吕氏春秋. 郑州: 中州古籍出版社，2010.

② ［春秋］左丘明. 国语. 李德山 注评. 南京: 凤凰出版社，2009.

③ ［西汉］司马迁. 史记·殷本纪. 北京: 中华书局，1982 : 100-103.

④ 张闻玉 译注. 逸周书全译. 贵阳: 贵州人民出版社，2000.

这种朴素的敬天观念成为后来灾异观念的思想基础。

二、董仲舒的"天人合一"灾异观

到了汉代，陆贾首次将政治与灾异联系起来。陆贾（约公元前240—前170年），汉初思想家、政治家。早年随刘邦平定天下，口才极佳，常出使诸侯。刘邦即位之初，重武力，轻诗书，陆贾建议刘邦重视儒学，"行仁义，法先圣"，提出"逆取顺守，文武并用"的统治方略，其共著文12篇，都得到刘邦的称赞，集结为《新语》。

陆贾在《新语》中提出了"天人合策"的观念，认为皇帝的政治活动与上天有着直接的联系。他认为天乃"张日月，列星辰，序四时，调阴阳，布气治性，次置五行，春生夏长，秋收冬藏，阳生雷电，阴成雪霜，养育群生，一茂一亡，润之以风雨，暴之以日光，温之以节气，降之

董仲舒像

以殒霜，位之以众星，制之以斗衡，苞之以六合，罗之以纪纲，改之以灾变，告之以帧祥，动之以生杀，悟之以文章，故在天者可见。"[①] 在此，陆贾初步建构了天人合一的思想体系。在他看来，天是有人格、有意志的天地万物的主宰，能用祯祥灾异来谴告人君和圣人。

陆贾的思想被董仲舒所继承。董仲舒（公元前179—前104年），广川（今属河北衡水）人，汉代思想家、哲学家、政治家、教育家。董仲舒提出了"天人感应"、"大一统"学说和"罢黜百家，表彰六经"的主张。他的思想维护了汉武帝的集权统治，为当时社会政治和经济的稳定做出了一定的贡献。

汉武帝元光元年（公元前134年），汉武帝下诏征求治国方略。董仲舒在《举贤良对策》中提出了"天人合一"的观点。他说：

> "臣谨案《春秋》之中，视前世已行之事，以观天人相与之际，甚可畏也。国家将有失道之败，而天乃先出灾害以谴告之，不知自省，又出怪异以警惧之，不知变，而伤败乃至。以此见天心之仁爱人君而欲止其乱也。自非大无道之世者，天尽欲扶持而全安之，事在强勉而已矣。"

① ［西汉］陆贾.新语.沈阳：辽宁教育出版社，1998.

后来董仲舒又在其著作《春秋繁露》的"必仁且智"和"二端"两篇中进行了详细的论述。

"必仁且智"篇言：

> "其大略之类，天地之物有不常之变者，谓之异，小者谓之灾。灾常先至而异乃随之。灾者，天之谴也；异者，天之威也。谴之而不知，乃畏之以威。凡灾异之本，尽生于国家之失。国家之失乃始萌芽，而天出灾异以谴告之。谴告之而不知变，乃见怪异以惊骇之。惊骇之而不知畏恐，其殃咎乃至。以此见天意之仁而不欲害人也。"

"二端"篇言：

> "是故春秋之道，以元之深正天之端，以天之端正王之政，以王之改正诸侯之位，五者俱正而化大行。然书日蚀、星陨、有蜮、山崩、地震、夏大雨水、冬大雨雪、陨霜不杀草、自正月不雨至于秋七月、有鹳鹆来巢，春秋异之，以此见悖乱之征。"

从董仲舒的论述可以看出，天帝通过灾异对人君进行谴告。其程序如下：

第一，人君受天之命，代天治理百姓，天帝会依照天子治理国家的业绩进行考察，分别功过，予以奖惩。

第二，如果天子未能遵照天意、天道治理国家，以致"国家之失"，百姓遭殃，天帝会表示不满和愤怒，并降"灾"以示警惧，促使天子的自我反省。

第三，天子对天帝的警惧如果置若罔闻，不改过自新，励精图治，无法求得天帝的谅解，天帝就会继灾害之后进一步降"异"。

第四，如果人君知道天帝降下"灾异"的意义而不思悔改，天帝经过进一步考察，知道人间已处于"大亡道之世"，人君违背天意，已经没有资格代表天帝治理国家，于是取"革命"的手段，剥夺天子的统治权力，在人间另外物色一个有德之人，改朝换代，这就是更受命。

由于董仲舒的天人合一论赋予自然之天以万物主宰（包括对人的主宰）的性质，因而"灾异"也有两重含义：从自然状态而言，它是"天地之物的不常之变"，即指自然的异常变化（对人类而言）；从政治文化层面而言，它又是天帝意志的表现。"灾异—谴告"被主观地设计为天帝考察天子的一种程序，是天帝对天子即人间统治者的一种惩罚。①

————————

① 田人隆."天人合一"论与汉代应灾模式.中国古代灾害史研究.北京：中国社会科学出版社，2007.

既然上天给人间天子以警告，那么人间天子以何来应对，董仲舒也做了回答。他认为天子应该实行德治。他说：

"故为人君者，正心以正朝廷，正朝廷以正百官，正百官以正万民，正万民以正四方。四方正，远近莫敢不壹于正，而亡有邪气奸其间者。是以阴阳调而风雨时，群生和而万民殖，五谷孰而草木茂，天地之间被润泽而大丰美，四海之内闻盛德而皆徕臣，诸福之物，可致之祥，莫不毕至，而王道终矣。"①

天子行"王道"，则国家大治，所谓：

"五帝三皇之治天下，不敢有君民之心，什一而税，教以爱，使以忠，敬长老，亲亲而尊尊，不夺民时，使民不过岁三日。民家人足，无怨望忿怒之患，强弱之难，无谗贼妒嫉之人。民修德而美好，被发衔哺而游，不慕富贵，耻恶不犯，父不哭子，兄不哭弟；毒虫不螫，猛兽不搏，鸷虫不触；故天为之下甘露，朱草生，醴泉出，风雨时，嘉禾兴，凤凰麒麟游于郊，囹圄空虚，画衣裳而民不犯，四夷传译而朝，民情至朴而下文。"②

可见，在董仲舒看来，只要是天子实行德政，遵从王道，则国家安定，人民富足，自然界的各种事物也会顺从，甚至出现各种祥瑞。董仲舒的学说影响巨大，在以后的历朝历代中沿用下来，成为人们认识灾异、消除灾异的基本观念，也成为大臣们要求皇帝注意德行、改革政治的重要武器。

三、汉朝之后的"天人感应"思想

魏晋南北朝时期，"天人感应"的理论延续下来。到了隋唐时期，"天人感应"的灾异观念占了主导地位，无论是王公大臣还是平民百姓都对其深信不疑。唐朝撰写的《隋书》，在其《五行志》中都要引用《洪范五行传》作为灾害的理论依据，所谓"君道得则和气应，休征生。君道违则乖气应，咎征发"。如在水灾中，就提到："《洪范五行传》曰：水者，北方之藏，气至阴也。宗

①　[东汉]班固.汉书·董仲舒传.北京：中华书局，1964.

②　[西汉]董仲舒.春秋繁露·王道.北京：中华书局，2011.

庙者，祭祀之象也。故天子亲耕以供粢盛，王后亲蚕以供祭服，敬之至也。发号施令，十二月咸得其气，则水气顺。如人君简宗庙，不祷祀，逆天时，则水不润下。"而旱灾则解释曰："《洪范五行传》曰：君持亢阳之节，兴师动众，劳人过度，以起城邑，不顾百姓，臣下悲怨。然而心不能从，故阳气盛而失度，阴气沉而不附。阳气盛，旱灾应也。"[1] 在这里，直接将君主的行为与水旱灾联系在了一起，君主行为是否得当成为水旱灾害是否发生的决定因素。另外，唐人撰写的《晋书·五行志》也认为："君治以道，臣辅克忠，万物咸遂其性，则和气应，休微效，国以安。"而如果君主失道，则会"小人在位，众庶失常，则乖气应，咎微效，国以亡。"所以，"人君大臣见灾异，退而自省，责躬修德，共御补过，则消祸而福至。"这里还是要求君主治国以道，大臣辅佐尽忠，才能免除灾祸，获得福祉。

宋代的儒学获得了极大的发展，众位理学家对天和人的关系方面做出了许多精彩的论断，对"天人感应"理论进行了更为深入的探讨。如张载认为："天人异用，不足以言诚，天人异知，不足以尽明。"程颢认为："须是合内外之道，一天人，齐上下"，"天人本无二，不必言合"。理学集大成者朱熹则直接表示："天人一物，内外一理，流通贯彻，初无间隔。"可见宋代的理学家并不认为天和人是两种事物，而是一种，所以不必提天人合一。可以说宋代理学对天人关系的认识又提升了一大步。

朱熹像

元代儒学家许衡也有对自然界灾异与人事关系的认识，他认为：

"三代而下称盛治者，无如汉之文景，然考之当时，天象数变，山崩地震未易遽数，是将小则有水旱之灾，大则有乱亡之应，非徒然而已也。而文景克乘天心，一以养民为务，今年劝农桑，明年减田租，恩爱如此，宜其民心得而和气应也。臣窃见前年秋孛出西方，彗出东方，去年冬彗见东方，复见西方。议者谓当除旧布新，以应天变。臣以为曷若直法文、景之恭俭爱民，为理明义正而可信也。天之树君，本为下民。故孟子谓'民为重，君为轻'，《书》亦曰'天视自我民视，天听自我民

① ［唐］魏征．隋书·五行志上．北京：中华书局，1973：617.

听'。以是论之，则天之道恒在于下，恒在于不足也。君人者，不求之下而求之高，不求之不足而求之有余，斯其所以召天变也。其变已生，其象已著，乖戾之几已萌，犹且因仍故习，抑其下而损其不足，谓之顺天，不亦难乎？"①

许衡的言论还是要求君主要得民心，轻徭薄赋，只有这样才是顺天，灾害才不会发生。

明代"天人感应"的思想继承了前代的思想成就，在当时也是人们认识灾异的主流思想。明洪武元年（1368 年），淮安府海州学正曾秉正上疏曰："近者钦奉明诏，以五星素度，日月相刑，圣心戒谨，诏臣民言过。臣闻《易经》曰：天地设位，圣人成能。又曰：天垂象，见吉凶，圣人象之。盖天为万物之祖，王为万邦之君，天之生物不能自治，故生圣人代天工以君治之，而成其能。是以人君为天之子，天子有过中之政则不言，而垂象以代其言，犹父之教子也。天子知天之示教而改行，修省求贤于下，下之人言得以达则是天使之言也。人君于是而听纳之则天嘉其不违教命，虽怒亦转而喜矣。天嘉而喜则祚胤久长，社稷永固矣，又何灾异之有？汉董仲舒曰：国家将有失道败德，天乃出灾害以谴告之，不知自省又出怪异以警惧之，尚不知变而伤败乃至。以此见天心仁爱人君而欲止其乱抑，古之圣贤不以天无灾异为可喜，惟以祗惧天谴而致隆。"因此，他希望朱元璋能够"修己之德，弭天之变，则灾异可消，天心可回，而国祚永昌矣"。平民出身的朱元璋，经历了元朝末年朝政腐败，百姓流连失所的悲惨状况，而正是这些情况促使了他能够反元成功，所以他能够认识到人君修德的重要性，他十分赞赏曾秉正的上疏，并将调到南京，提拔为思文监丞。②

清代"天人感应"的灾异思想仍然存在，当灾害发生后，清代皇帝会下罪己诏，检讨自己的过失，以求上天的原谅，借以弭灾。例如顺治十年（1653 年）闰六月，顺治皇帝颁布上谕："考之《洪范》，作肃为时雨之征，天人感应，理本不爽。朕朝乾夕惕，冀迓天休。乃者都城霖雨匝月，积水成渠，坏民庐舍，穷黎垫居艰食，皆朕不德有以致之。今一意修省，祗惧天戒。大小臣工，宜相儆息。"但是，此时人们对灾害的认识逐步趋向理性，他们对古老的"天人感应"理论表示反对，《清史稿》去掉了《五行志》而改为《灾异志》，其认为："传曰：天有三辰，地有五行，五行之渗，地气为之也。水不润下，火不炎上，木不曲直，金不从革，土爰稼穑，稼穑不熟，是之谓失其性。五行之性本乎地，人附于地，人之五事，又应于地之五行，其《洪范》最初之义乎？《明史·五行志》著其祥异，而削事应之附会，其言诚趮矣。今准《明史》之例，并折中古义，以补

---

① ［明］宋濂. 元史·许衡传. 北京：中华书局，1976：3724.

② 明太祖实录·卷 109. 洪武元年闰九月丙午条。

前史之阙焉。"可见，《清史稿》的作者认为灾异与人事之间并非存在必然的联系，而以往古史中的观点都是附会而成。清代还用比较科学的方法解释灾异的发生。如水旱灾害的发生，除了一些自然因素之外，人们认识到环境恶化、水利失修、河防废弛也是非常重要的原因。如顺治皇帝针对东南地区的水旱灾害，就认为是"皆因水利失修，致误农工"造成的。进步思想家郑观应则认为："燕、齐、晋、豫诸省所有树木斩伐无余，水旱频仍，半由于此。"[①]

综上所述，中国古代的"天人感应"灾异观源远流长，影响深远，成为人们认识自然灾害的主要理论依据。在其影响下，作为自然灾害之一的水旱灾害也被认为是上天谴责君主所致，因此，水成为影响国家政治的重要因素。

第二节　水崇拜与国家政治

中国自古以来就是农业大国，国家以农业立本，农业的丰收与否直接关系着国家的政治稳定。由于古代科技尚不发达，可以说是靠天吃饭，而对农作物有直接影响的水成为最重要的资源。所以，古代人民对水充满了崇拜，时常祭祀水神，或者祈雨禳灾。古代统治者也会参与其中，甚至直接领导人民进行祭祀水神活动，以祈求农业丰收和社会稳定。

一、水神祭祀与国家政治

水是生命的源泉，也是人类赖以生存的重要自然资源。水能够孕育农作物的生长，获得五谷丰登，促进人类社会的繁衍，也能够发生洪涝灾害，冲毁人类家园，给人类造成无穷的灾难。对古代先民来说，水既能带来喜悦，也能带来恐慌。在万物有灵的思想下，古代先民对水充满了崇拜，而且认为有种神奇的力量控制着水，那就是水神。所以，为了能够在天旱时获得水，在涝灾时退去水，先民要祭祀水神，此时对水的崇拜转化成了对水神的崇拜。

（一）先秦时期的水神祭祀

对水的崇拜起源很早，在新石器时代的仰韶文化、大溪文化、屈家岭文化、马家窑文化等文

---

① 朱凤祥.中国灾害通史·清代卷.郑州：郑州大学出版社，2009：391.

化遗址出土的陶器上，就可看到上面绘有大量的条纹、螺旋纹、漩纹、曲纹、波浪纹等代表水的纹饰。林少雄《人文晨曦：中国彩陶文化读解》认为："中国彩陶纹饰中，出现最多、分布面最广的，当属各种水波纹"，原始先民们"不厌其烦地施绘出以水波为原型的各种纹饰，如平静如镜的平行线纹，涟漪荡漾的波浪纹，激流翻卷的漩涡纹，波涛汹涌的螺旋纹，以此表达生命对水的记忆与颖悟。"向柏松《中国水崇拜》也认为："把水的各种形象绘制在陶器上，绝不是出于审美和装饰的目的。它体现的是先民们对水的信仰和祈求。"虽然此时已经出现了水崇拜，但是还没有形成具体的水神崇拜，只是对广泛的水的崇拜。

国之大事，在祀与戎。祭祀作为同战争一样重要的国家大事，对于统治者来说具有重要的意义。通过祭祀可以与神相通，获得神的眷顾，从而能够国泰民安。由于水对农业生产具有重要作用，充满水的江河湖海成为古代先民的祭祀对象。据《竹书纪年》记载，黄帝曾经祭祀洛水，尧也曾修建坛场祭祀黄河和洛水，还率领群臣将玉璧沉于洛水。商朝的祭河活动比前代有了明显的增加，而且仪式也更复杂。如在甲骨卜辞中就有关于祭祀河神的记载，如"壬申，贞求禾于河，燎三牛，沉三牛"，"丁巳卜，其燎于河牢，沉璧"。可见，商朝祭祀河神采用烧牛、沉牛于河底、沉璧于河底的方式进行。

周代的水神祭祀比商代更加规范，出现了祭祀等级制度，即所谓"天子祭天下名山大川，五岳视三公，四渎视诸侯，诸侯祭其疆内名山大川。四渎者，江、河、淮、济也。"也就是说，周天子祭祀的对象是名山大川，三公祭祀五岳，诸侯则祭祀国内的山川。这种祭祀制度规定的十分严格，特别是诸侯祭祀，不得越境。例如，春秋时期，楚昭王有疾，巫师占卜认为是黄河在作祟，应该祭祀黄河之神，众臣也请求在郊外祭祀。但是楚昭王没有答应，他认为，按照楚国的疆界，只可以祭祀长江和汉江，不能越界，所以没有祭祀。此外周代还出现了"四渎"之祭，"四渎"即长江、黄河、淮河和济水，这些都是著名的河流，由诸侯祭祀。

周代的水神祭祀大体有三个功能：一是祈雨，春秋时期，齐国大旱，齐景公即向灵山河伯求雨，大臣晏子认为齐景公应该与灵山河伯共忧，于是齐景公到野外宿营，三天后果然下雨；二是祈求病愈，如周夷王身染重病，诸侯各国遍祭国内名山大川为周夷王祈福病愈；三是祈求战争胜利，如《左传》记载，文公十二年，"秦伯以璧祈战于河"。

（二）秦汉至隋唐时期的水神祭祀

秦汉时期，重新确定了山川祭祀制度。在河流祭祀方面，自崤山以东，祭祀济水和淮河，春季以干肉、酒醴举行岁祭，此外由于岁暖不能封冻，或秋季因干旱而河床涸落、因早寒而冰冻，或冬季寒而冰雪塞途等异常现象，随时祈祷祭祀。祭祀牺牲用牛、犊各一头，另有礼器和珪币相配。华山以西，祭祀黄河于临晋；沔水，祭祀于汉中；湫渊，祭祀于朝；长江，祭祀于蜀中。也是在春秋天不结冰，河川干涸及冰雪塞途时祷祭，但祭祀所用牺牲牛渎以及配用礼具和珪币等各不相同。此外霸水、产水、长水、沣水、涝水、泾水、渭水都不是大川，由于邻近咸阳，都得到与名山川相同的祭祀，但没有加祭的诸项内容。汧水和洛水等小河流，每年也要举行祷祭、冰雪塞途、河川干涸、不封冻等祀，但礼仪不同。汉宣帝时，对四渎祭祀做了规定："夫江海，百川之大者也。……河于临晋，江于江都，淮于平氏，济于临邑界中，皆使者持节侍祠。唯泰山与河岁五祠，江水四，余皆一祷而三祠云。"可见，在四渎之中，祭祀规格有了不同，最高的是黄河，其次是长江。

秦汉时期，若发生大水或旱灾，朝廷也会祭祀水神。汉武帝叫，黄河决口改道，汉武帝为了堵塞决口，亲自到决口处去祭祀，向黄河中沉下白马和玉璧，并命令群臣带头堵塞决口。汉顺帝时，河南、三辅地区大旱，汉顺帝下令司隶及河南官员祷祀河神、名山、大泽。

魏晋南北朝时期的水神祭祀基本延续了秦汉制度，到唐代时发生了变化。唐代的国家祭祀分为三等："若昊天上帝、五方帝、皇地祇、神州、宗庙为大祀；日月星辰、社稷、先代帝王、岳镇海渎、帝社、先蚕、孔宣父、齐太公、诸太子庙为中祀；司中、司命、风师、雨师、众星、山林川泽、五龙祠等及州县社稷释奠为小祀。"① 同时确定了每岁常祀之制。其中关于水的祭祀主要有岳镇海渎、风师、雨师、山林川泽、五龙祠等，在唐代的国家祭祀中占有重要的地位。

唐代关于水的祭祀以"四渎"、"四海"为主。所谓"四渎"即长江、黄河、淮河、济水；"四海"即东海、南海、西海、北海。唐代提高了水神的地位，唐代人认为："星辰岳渎，是天地之臣也，秩视人臣也"，"五岳视三公，四渎视诸侯，其余山川视伯、子、男"，因此对水神进行了册封，海、渎相继被加封为王、公。天宝六年（747年），唐玄宗加封水神，河渎封为灵源公，济渎封为清源公，江渎封为广源公，淮渎封为长源公。天宝十年（751年），封东海为广德王，南海为广利王，西海为广润王，北海为广泽王。武则天垂拱四年（688年）封洛水神为显圣侯，享齐于四渎；唐哀帝天祐二年（905年）封洞庭湖君为利涉侯，青草湖君为安流侯。唐代对四渎水神和四海海神分别按春、夏、秋、冬四季祭祀。立春日于莱州（今山东莱州）祭祀东海海神，唐州（今河南桐柏）祭祀淮河水神；立夏日在广州祭祀南海海神，益州（今四川成都）祭祀长江水神；立秋

① ［唐］李隆基 撰，李林甫 注 . 大唐六典 . 西安：三秦出版社，1991：97.

日在同州（今陕西大荔）祭祀西海海神及黄河水神；立冬日于河南府（今河南济源）祭祀北海海神及济水水神。祭礼非常隆重，"其牲皆用太牢，笾、豆各四。祀官以当界都督刺史充"。有时朝廷还派遣两京官员和中央官员分命祭祀。如唐天宝六年（747年），朝廷派遣卫尉少卿李澣祭江渎，京兆少尹章恒祭河渎，太子左谕德柳偡祭淮渎，河南少尹豆卢加祭济渎，太子中允李随祭东海，义王府长史张九章祭南海，太子中允柳奕祭西海，太子洗马李齐荣祭北海。[①]

（三）宋元明清时期的水神祭祀

宋代的水神祭祀更加隆重。宋太祖赵匡胤曾下诏，在各县建立岳、渎、东海庙，以各县县令为庙令，县尉为庙丞，专门掌管祭祀之事。太平兴国年间，制定祭祀日期和地点，立春日在莱州祭祀东海，在唐州祭祀淮渎，立夏日在广州祭祀南海，在成都祭祀江渎，立秋日在河中祭祀西海和河渎，立冬日在孟州祭祀北海和济渎。宋康定元年（1040年），宋仁宗下诏赐渎、海封号，江渎为广源王，河渎为显圣灵源王，淮渎为长源王，济渎为清源王，加东海为渊圣广德王，南海为洪圣广利王，西海为通圣广润王，北海为冲圣广泽王。

金代水神祭祀也是每年四次，立春，在莱州祭祀东海，在唐州东渎大淮；立夏，在莱州祭祀南海、南渎大江。立秋，在河中府祭祀西海、西渎。立冬，在孟州祭祀北海、北渎大济。其封爵仍按唐宋赐封号。元代岳镇海渎祭祀分为五道，后分三道，以东岳、东海、东镇、北镇为东道，中岳、淮渎、济渎、北海、南岳、南海、南镇为南道，北岳、西岳、后土、河渎、中镇、西海、西镇、江渎为西道。但因路途遥远，又重新分为五道。至元二十八年（1291年），加封号，江渎为广源顺济王，河渎灵源弘济王，淮渎长源溥济王，济渎清源善济王，东海广德灵会王，南海广利灵孚王，西海广润灵通王，北海广泽灵佑王。

明代的水神祭祀。明洪武二年（1369年），明太祖朱元璋合祭山岳海渎之神于南京城南，并未有专祀。后来经过礼官的建议，将"岳镇海渎及天下山川城隍诸地祇合为一坛"，与天神相等，春秋专祭，定为清明和霜降皇帝亲自祭祀。洪武三年，朱元璋定岳镇海渎神号，去掉了前代所封的名号，四海、四渎都更改名号，四海称东海之神、南海之神、西海之神、北海之神，四渎称东渎大淮之神、南渎大江之神、西渎大河之神、北渎大济之神。

清代顺治初年定岳、镇、海、渎既配享方泽坛，又在天坛西建地祇坛，兼祀天下名山、大川。清顺治三年（1646年），遣官祭祀，规定北镇、北海合遣官一人，东岳、东镇、东海一人，西岳、

---

① 王永平. 论唐代的水神崇拜. 首都师范大学学报，2006（4）.

西镇、江渎一人，中岳、淮渎、济渎一人，北岳、中镇、西海、河渎一人，南镇、南海一人，南岳专遣一人。清雍正二年（1724年），雍正皇帝给四渎赐号，赐号江渎为涵和，河渎为润毓，淮渎为通佑，济渎为永惠。并且赐号东海为显仁，南为昭明，西海为正恒，北海为崇礼。清乾隆二十六年（1761年），改岳、镇、海、渎遣官六人祭祀，长白山、北海、北镇一人，西岳、西镇、江渎一人，东岳、东镇、东海、南镇一人，中南二岳、济淮二渎一人，北岳、中镇、西海、河渎一人，南海一人。清代其他河流也有祭祀活动，如康熙时期在浙江、大沽、大通海神建祠庙祭祀，雍正时建湘江神庙、武昌江神庙。

在水神祭祀的发展过程中，起初带有原始崇拜的性质，而后逐渐转变成国家祭祀礼仪的重要组成部分，变成了统治者的政事活动。统治者通过祭祀水神，祈求风调雨顺，起到了上应天命，下顺民心，巩固统治的作用。

一、祈雨与国家政治

水是农业生产的重要自然资源，中国自然环境多样，各地区水量和降雨量极不平衡。在科技不发达的情况下，古人往往会向上天祈求下雨，开展大量的祈雨活动。祈雨本来是一种宗教仪式，但是因为关系到农业生产，朝廷对此十分重视，有时候皇帝还会亲自参加并主持祈雨仪式，表现出与百姓同甘共苦的态度，从而稳定国家政治。

（一）先秦时期的祈雨活动

祈雨活动起源于何时现在已经无从查证。从文献记载看，殷商时期已经有了很频繁的祈雨活动，如甲骨文中就有很多关于祈雨的记载，如："帝及今四月命雨？贞：帝弗其及今四月命雨"，"甲子卜，其求雨于东方"，"今三月帝令多雨"。可见，殷商时期，商王一遇到干旱就会参加祈雨。其中最著名的是商汤的祈雨活动，《吕氏春秋·顺民》记载："天大旱，五年不收，汤乃以身祷于桑林。"说明在天下大旱的时候，商汤为了祈求下雨，亲自进行祈祷的活动。殷商时期，王室还会举行声势浩大的祈雨仪式，称为雩祀，是国家礼仪之一，如甲骨卜辞中有"贞雩方，其有贝。贞雩方，无贝"的记载。

周代的祈雨活动比商代更加规范化，它是和周代的等级制度相联系的，国家规定了周天子、诸侯、大夫之间的不同等级的祈雨活动，他们的祈雨对象也不同，如"天子祭天下名山大川，五岳视三公，四渎视诸侯，诸侯祭其疆内名山大川。四渎者，江、河、淮、济也。"也就是说，周天子祭祀的对象是名山大川，三公祭祀五岳，诸侯除了祭祀国内的山川之外还要祭祀长江、黄河、淮河和济水。在周代，雨神称为"雨师"，取其"众"之意。祭祀"雨神"通常不以"雨"本身为祭祀对象，而另有神祇执掌降雨，以比较抽象的方位、时间来表现雨神的存在。"雨师"并不由固定的神灵所担任，星宿、人物、北方之神"玄冥"等都可为雨神，前面说的山川河流也是祈雨对象。在周代祭祀农神也主要是为了"求雨"以利农作。《诗经》中除了"云汉"之外，"莆田之诗"也提到"设乐以祭于神"以祈求甘雨。另外，《大雅·云汉》便直接道出了周人在面对旱灾时的心情以及整个祭祀过程。① 周代也举行大规模的雩祀，《周礼》记载："司巫掌群巫之政令，若国大旱，则帅巫而舞雩。"可见当时的雩祀由巫师的首领司巫统帅进行，而且在仪式中要跳舞进行。

（二）秦汉至隋唐时期的祈雨活动

秦统一六国之后，仍然祭祀名山大川，各主要大河都有朝廷设立的庙宇祭祀水神。汉朝的祈雨活动更加频繁，而且由国家官署进行。《汉旧仪》记载："求雨，太常祷天地、宗庙、社稷、山川以赛，各如其常牢，礼也。四月立夏旱，乃求雨祷雨而已。后旱，复重祷而已。讫立秋，虽旱不得祷求雨也。"② 可见当时的求雨有着严格的规定，求雨必须由太常寺进行，而且祈雨时间是在四月立夏，如果以后还是干旱仍能祈雨。但是过了立秋之后，即使再发生干旱也不能再祈雨。但这只是官方的规定，在实际的运作中，往往出现干旱就会出现祈雨活动，而且祈雨的主体也不只是太常寺，皇帝、官员、百姓都有祈雨活动。如东汉建武三年（公元27年）七月，洛阳大旱，光武帝至南郊求雨，即日下雨；建武十八年（公元42年）夏，发生大旱，公卿都出面祈雨；元和元年（84年）大旱，汉章帝派朝廷百官进行祈雨；永初元年（107年），八个郡国发生大旱，汉安帝分遣议郎请雨；阳嘉三年（134年），河南三辅大旱，五谷灾伤，汉顺帝亲自露坐德阳殿东厢请雨。官员的祈雨大多是受到皇帝的委派，东汉本初年间，京师大旱，汉质帝下诏各级官员进行祈雨，其中郡国两千石各祷名山岳渎，大夫、谒者诣嵩高、首阳山，并且在黄河、洛河建立庙宇进行祈雨活动。熹平年间，汉灵帝排中郎将堂溪典到嵩高山请雨。

在汉代，民间祈雨的仪式非常繁琐，据董仲舒《春秋繁露·求雨》记载，春天求雨，让县邑中的大小官员、百姓在水日这一天祈祷社稷、山川之神，家家祭祀户神。不要砍伐有名的大树，

① 杨敏.周代的祈雨祭祀及其实质.青年文学家，2011（23）.

② [清]孙星衍，等 辑.周天游 点校.汉官六种.汉官旧仪补遗卷下.北京：中华书局，1990.

不要乱砍滥伐山中林木，让女巫暴露在大阳光下，聚集畸形矮人。八天后，在城东门的外面建筑可通四方的高，坛方圆八尺，挂上深色缯帛八条，其中供共工神位，用活鱼八条祭祀，深黑色的酒，还要准备好清酒，铺晒好肉干。选择女巫中洁净口齿伶俐的做主祭人。主祭人要斋戒三天，穿深色的衣服，祭祀时主祭人要先拜两次，又跪下陈述叙说，叙说完了才起身。此外，还要制作苍龙，在城邑的其他三个门都要进行祭祀活动。

魏晋南北朝时期的祈雨活动更加频繁，有皇帝亲自祈雨，也有皇帝派朝臣祈雨。咸宁二年（276年）久旱不雨，晋武帝下诏令"诸旱处广加祈请"，晋惠帝时，派遣校尉陈总仲元到洛阳山请雨。北魏和平元年（460年）天旱无雨，文成帝下诏各州郡在辖界内洒扫祭祀大小神明；太和年间，孝文帝到武州山、北苑等地祈雨。祈雨除了祭祀神灵之外，也有祭祀历史人物的活动，如西门豹是战国时期魏国邺县县令，他曾因阻止民间为河伯娶妇的陋俗而闻名于世。由于此人不畏河神，故民间有祭祀祈祷他来劝河伯兴云致雨的活动。如《魏书》记载："在州，以天旱，令人鞭石虎画像"复就西门豹祠祈雨，不获，令吏取豹舌。未几，二儿暴丧，身亦遇疾，巫以为虎、豹之祟。"《北齐书》记载："是夏，大旱，帝以祈雨不应，毁西门豹祠，掘其冢。"虽然这些因为祈雨活动不灵而毁掉西门豹祠的做法是不妥当的，但也能体现出皇帝祈雨的强烈心情。

唐朝的祈雨活动在官方也有明确的规定，如："旱甚，则修雩，秋分已后，虽旱不雩，雨足皆报祀。若州县，则先祈社稷及境内山川。"这个规定如同汉朝，规定秋分之后不得再举行祈雨仪式。但是在实际施行中并不能得到落实，往往是出现干旱，皇帝就会亲自或者派大臣祈雨。如唐玄宗在宫中筑龙堂祈雨，唐德宗也在兴庆宫龙堂祈雨。皇帝派大臣祈雨则不在京师进行，而是到名山大川，如唐太宗曾派遣长孙无忌、房玄龄等祈雨于名山大川；唐玄宗派人祈雨骊山；唐中宗派人祈雨于干陵。唐朝佛教发达，皇帝有时还派僧人祈雨，如唐玄宗曾命术士罗公远以及梵僧不空、僧一行祈雨。地方政府组织的祈雨活动也不断，如天复四年（904年），西川大旱，政府即下令"守宰躬往灵迹求雨"。唐玄宗时，卫州共城县连月不雨，县令曹怀节就率其属下主要官员县承齐恺德、主簿程列、县尉霍南金等全体出动，到其所管的百门陂坛庙去进行祈雨。德宗时期，润州句容县久旱不雨，县令岑某就率领县民设坛祈雨。

五代时期，皇帝的祈雨活动大多在寺院进行。如后梁太祖命大臣"赴望祠祷雨"；后唐庄宗因干旱亲自去龙门广化寺祈雨，结果没有下雨，他又亲自去玄元庙祈雨，明宗也曾去龙门佛寺祈雨。后晋高祖曾命宰臣等分诣寺观祷雨，又因旱久引起蝗灾，他又亲幸相国寺祈雨。

（三）宋元明清的祈雨活动

宋朝的祈雨活动更加频繁，史书中无论是皇帝、大臣还是地方官员都有关于祈雨活动的记载，而且有很多祈雨灵验的记载。如北宋开宝三年（970年）春夏，京师大旱，四月丁亥，宋太祖亲自到建隆观、相国开宝寺祷雨，结果四天后就降雨了。太平兴国六年（981年），春夏之际，京师大旱，四月辛未，宋太宗去太平兴国寺祷雨，七天后雨降。咸平元年（998年）五月甲子，宋真宗去大相国寺祈雨，祈雨后很快降雨。大中祥符二年（1009年）二月乙巳，宋真宗到大相国寺、上清宫、景德开宝寺祈雨，三日后雨降。天圣五年（1027年）六月甲戌，宋仁宗在玉清昭应宫及开宝寺祈雨，祈雨三日后雨降。庆历三年（1043年），"自春夏不雨，岁时失望"，宋仁宗在五月庚辰到相国寺、会灵观祈雨，八日后即雨。①

宋代祈雨活动还有一个特点就是朝廷向地方各级政府颁布了祈雨法。咸平二年（999年），宋真宗第一次颁布了祈雨法即李邕的《雩祀五龙堂祈雨之法》，要求各路遵照执行。后来又在景德三年（1006年）颁布《画龙祈雨法》。此后宋仁宗、宋神宗、宋孝宗都曾颁布过祈雨法，增添了蜥蜴祈雨法和宰鹅祈雨法等，这些祈雨法对祈雨的时间、地点、祈雨用的祭品、方法都有详细的规定。②如李邕祈雨法为："以甲乙日择东方地作坛，取土造青龙，长吏斋三日，诣龙所，汲流水设香案、名果餐饵，率群吏、乡老日再至祝醉，不得用音乐、巫觋。雨足，送龙水中。余四方皆如之，饰以方色。大凡日干及建坛取土之里数，器之大小及龙之修广，皆以五行成数焉。"蜥蜴祈雨法为："捕蜥蜴数十纳瓮中，渍之以杂木叶，择童男十三岁下，十岁上者二十八人，分两番，衣青衣，以青饰面及手足，人持柳枝占水散洒，画夜环绕，诵咒曰：'蜥蜴，蜥蜴，兴云吐雾，雨令滂沱，令汝归去！'雨足。"③

金元时期，金世宗遣使到静宁山祈雨；元朝天历二年（1329年），张养浩赴任陕西行台中丞，当时关中大旱，他路过华山，到华山祈雨，到任之后，又设坛祈雨。

明清两代的皇帝祈雨活动以举行大规模的雩祀为最。明朝初年，遇有旱灾都要举行雩祀活动，祭祀的时间和地点都不固定，皇帝或亲自在宫中奉天殿祈雨，或派遣官员祭告郊庙、陵寝和山川。明嘉靖八年（1529年），天下大旱，明世宗亲率百官在大祀殿举行祈雨大典，武官四品以上、文官

---

① 杨计国.北宋皇帝祈雨灵验现象研究.石河子大学学报，2013（3）.

② 王楠.宋代祈雨考.河南广播电视大学学报，2010（3）.

③ [元]脱脱，等.宋史·卷102·志515.北京：中华书局，1985：2500-2502.

五品以上者在大祀门外陪祀，其余官员则在南天门外陪祀。明世宗十分重视雩祀礼仪，他接受了夏言的意见，在天坛圜丘外泰元门之东建立了崇雩坛，专门用于雩祀，并且奉明太祖配祀。嘉靖十七年（1538年），因去年一冬春极少雨雪造成天旱。四月，明世宗亲往崇雩坛举行隆重的雩祀。祭祀结束后，他提出："祷雨乃修省事，不用全仪，不奉祖配。"从此，明朝雩祀礼仪程序大为简化，也不再设配享神位。嘉靖之后，崇雩坛废而不用，雩祀活动改在神祇坛举行，遇到大旱，皇帝则亲自在天坛圜丘祈雨。

清朝的雩祀规模也很大，祭祀地点大多是在天坛。清顺治十四年（1657年），顺治皇帝亲率百官祈雨于天坛圜丘，康熙皇帝多次步行至天坛祈雨。乾隆皇帝也十分重视雩祀，他将雩祀定为大祀，并分为三等：一是常雩，每年孟夏择吉日定期举行，地点在圜丘；二是常雩后如果还不下雨，则改在天神坛、地祇坛、太岁坛举行，仍不降雨则七日后在社稷坛举行；三是大雩礼，如果在三坛祭祀后仍不降雨，皇帝亲自在圜丘举行雩祀。乾隆皇帝十分重视雩祀，曾先后38次到天坛举行雩祀。[1]

（四）祈雨活动与国家政治

中国历代统治者都非常重视祈雨活动，它已经不仅仅是一项简单祭祀活动，而且是一项重要的政治活动，与皇权的巩固和国家的稳定有密切的关系。

皇帝号称天子，是上天的儿子，而董仲舒倡导的"天人感应"、"君权神授"思想加深了对"天子"的认识。古人认为，天气干旱是因为天不下雨，而作为天子的皇帝是上天和民间联系的纽带。所以当干旱时，皇帝负有不可推卸的责任，他们应该让上天知道民间的疾苦。而祈雨仪式就是一种表达百姓意愿的重要方式，也是皇帝联系上天的途径。因此，皇帝参加并主持祈雨仪式可以增加百姓对皇帝的信任，如果祈雨成功，则更能证明皇帝的地位是上天赋予的，百姓承认天的存在，也就自然而然地承认皇帝的地位。德国社会历史学家马克斯·韦伯曾这样评述："皇权由巫术的神性中发展出来，世俗的权威与神灵的权威统一于一人之手……皇帝为了获得神性而必须具有个人品质，被仪式主义者与哲学家加以仪式化，继而加以伦理化。皇帝必须依据古典经书上的仪式和伦理规则生活与行事。这样，中国的君主首先是一位大祭司；他其实是古代巫术信仰中的'乞雨师'，只不过被赋予伦理的意义罢了。"[2]一方面，皇帝利用了祈雨活动中的仪式化和伦理化加强皇

---

① 武裁军. 明清皇帝天坛祈雨. 紫禁城，2004（31）.

② [德]马克斯·韦伯. 儒教与道教. 洪天富 译. 江苏人民出版社.2003：28.

权的合法化。另一方面，在"家国一体化"的古代中国，皇帝又是全国百姓的家长，他们有责任与百姓同甘共苦。天旱祈雨，是为子民祈福的表现，起到了率先垂范的作用，从而得到子民的认可。

在现实中，天气干旱必然会造成农业减产甚至绝收。祈雨作为一种对雨水的向往，无论是百姓还是皇帝他们的目的是一样的，那就是渴望下雨，获得庄稼的丰收。对百姓来说，他们可以过上富足的生活，而对朝廷来说，农业丰收，百姓安康，国家也会稳定。

第三节　水与皇帝的朝政革新

按照灾异天谴之说的理论，水旱灾害的发生是由皇帝为政不德所导致的。所以，当发生水旱灾害的时候，皇帝往往会进行自我反省，约束自己的不良行为，以此来获得上天的宽恕，进而达到弭灾的目的。[①]

一、下诏罪己，谴责过失

早在西周时期，周文王就曾针对发生的灾害而下诏进行自遣。两汉时期，由于"天人感应"思想的影响，皇帝遇到灾异而下罪己诏更加普遍和频繁。据统计，两汉皇帝在灾害发生后所下的自遣诏书共计有30次，西汉16次（其中文帝1次、武帝1次、宣帝2次、元帝7次、成帝2次、哀帝2次、新莽1次），东汉14次（其中光武帝2次、章帝1次、和帝3次、安帝3次、顺帝4次、桓帝1次）。[②]

汉代最先因灾异下诏的为汉文帝，在前元二年（公元前178年）的十一月、十二月，因发生日食，汉文帝下诏自遣。而汉文帝因水旱灾害而下诏则在后元元年（公元前163年），他下诏曰："间者数年比不登，又有水旱疾疫之灾，朕甚忧之。愚而不明，未达其咎。意者朕之政有所

① 本节的撰写参考了陈业新．灾害与两汉社会研究．上海：上海人民出版社，2004；李军．灾害危机与唐代政治．北京：首都师范大学，2004；罗先勇．自然灾害与宋代政治初探．四川师范大学，2003；鞠明库．灾害与明代政治．北京：中国社会科学出版社，2011。

② 陈业新．灾害与两汉社会研究．上海：上海人民出版社，2004：198.

失而行有过与？"

在罪己诏中，汉文帝对于连年水旱灾害发生的原因，他进行了详细分析。首先他归咎于自己的愚昧不明，为政有过失；其次是百官的俸禄过高，做了许多无用之事；最后，浪费了大量的粮食以至于民无所食。于是他召集各级官员和博士进行讨论，来解决这些问题。汉代有的皇帝为此还实行减少官员俸禄、禁止奢侈和禁酒。如东汉延熹五年（162年），因连年水旱灾害不断，汉桓帝下令减少了虎贲、羽林等军的俸禄，公卿以下将冬衣减少了一半。延平元年（106年）六月，三十七个郡国天降大雨，皇帝下令革除宫中和大臣的华丽服饰和奇珍美味。而永元十六年（104年），兖州、豫州、徐州、冀州雨水增多，伤害了庄稼，汉和帝下令禁止沽酒。

汉文帝像

北魏孝文帝时大旱，自正月直到四月无雨，孝文帝下诏自责曰："昔成汤遇旱，齐景逢灾，并不由祈山川而致雨，皆至诚发中，澍润千里。万方有罪，在予一人。今普天丧恃，幽显同哀，神若有灵，犹应未忍安飨，何宜四气未周，便欲祀事。唯当考躬责己，以待天谴。"① 孝文帝也将旱灾的原因归结至自己身上，所谓"万方有罪，在予一人"，并且要"考躬责己，以待天谴"。

唐朝时期，皇帝因为水旱灾害而下罪己诏，检讨自己的过失更加普遍。武德三年（620年）自夏不雨，唐高祖祈告神灵，检讨自己身为人主，却道德失仪，致使天下干旱，"某若无罪，使三日内雨。某若有罪，请殃某身，无令兆民，受兹饥谨。"声明一切灾难由自己独立承担，不要再使百姓受到饥荒的残害。永徽二年（651年）春正月，唐高宗曾下诏罪己，曰："去岁关辅之地，颇弊蝗螟，天下诸州，或遭水旱，百姓之间，致有罄乏。此由朕之不德，兆庶何辜？矜物罪己，载深忧惕。"也将灾异的原因归咎于自己的"不德"②

大和六年（832年）久雨雪，唐文宗下诏曰："朕闻'天听自我人听天视自我人视。'朕之菲德，涉道未明，不能调序四时，导迎和气。"③ 开成四年（839年）甚至说出："朕为人主，无德及天下，致兹灾旱，又谪见于天。若三日不雨，当退归南内，更选贤明以主天下"④ 这样严重的话来。可见，

---

① ［北齐］魏收 . 魏书·孝文帝纪 . 北京：中华书局，1974：168.

② ［五代］刘昫 . 旧唐书·高宗纪上 . 北京：中华书局，1975：68.

③ ［五代］刘昫 . 旧唐书·五行志 . 北京：中华书局，1975：1360.

④ ［五代］刘昫 . 旧唐书·文宗纪下 . 北京：中华书局，1975：578.

帝王们都将灾害的发生归咎于自己的德行不修，并希望上帝将灾难降将在自己身上，不要使百姓受苦受难。

宋太宗则直接要自焚来换取灾害的免除。淳化二年（991年）三月，连续发生旱灾和蝗灾，宋太宗对吕蒙正说："之所以发生灾害，遭遇天谴，是朕不德所致。你们可在文德殿前修筑一个露台，朕将暴露其上，如果三天不下雨，你们就把朕焚烧了，以应对天谴。"庆历七年（1047年）三月，因为旱灾，宋仁宗下《大旱责躬避殿减膳许中外言事诏》曰："朕临御以来，于今二纪。夙夜祗惧，不敢康宁。庶洽治平，以至嘉靖。自去岁冬末，时雪以愆。今春大旱，赤地千里。百姓失业，无所告劳。朕思灾变之来，不由他致。盖朕不敏于德，不明于政。号令弗信，听纳失中。俾兹眚祥，下逮黎庶。天威震动，以戒朕躬。"[1]宋仁宗将大旱的原因归结于自己的不敏于德，不明政令，不纳忠言和失信于民。

明朝时期，皇帝也会因水旱灾害而自遣，景泰元年（1450年）五月，京城内外自上年冬天没有下雪，而此年春天也没有下雨，致使上年没有收成，而此年也无法种植，百姓都痛心疾首。监察御史谢琚认为造成灾害的原因是大臣之责，但景泰帝并不这样认为，他说："亢旱之灾，皆朕之过。自当修省，文武大臣尤加勉力，匡联不逮，以回天意"[2]。

清朝皇帝下罪己诏最多的要数顺治皇帝，他在位18年，下罪己诏多达11次。顺治八年（1651年），湖北潜江、天门等州县，安徽潜山、望江、当涂、旌德的州县，以及山东、直隶、浙江等省份的部分地区遭受水灾，损失严重，如安徽旌德"平地水深丈余，溺死人畜无算"，安徽的潜山"江暴涨，坏民居无算"。在以上地区发生水灾的同时，陕西的甘泉、延长、安定等地发生旱灾。顺治九年（1652年），山东、直隶、山西、河南、安徽、湖北等省数十个州县都发生水灾，灾情严重之地大水淹没村庄民舍，庄稼颗粒无收。而安徽铜陵、无为、庐江、芜湖，江苏、上海等地发生旱灾，百姓苦不堪言。连续的灾害使得顺治皇帝在当年五月，发布了罪己诏，曰："天下初定，疮痍未复，频年水旱，民不聊生，饥寒切身，迫而为盗。魁恶虽多，岂无冤滥，胁从沈陷，自拔无门。念此人民，谁非赤子，摧残极易，生聚其难，概行诛锄，深可悯恻。兹降殊恩，曲从宽宥，果能改悔，咸与自新。所在官司，妥为安插，兵仍补伍，民即归农，不愿还乡，听其居位，物令失所。咸使闻知。"顺治皇帝的这份诏书谈到了连年水旱灾害导致了民不聊生，饥寒交迫，而且指出了灾害后采取的措施，如对犯罪者曲从宽宥，补充政府机构，安置好士兵和灾民等，诏书中并

---

① 宋大诏令集·政事六. 北京：中华书局，1962：569.

② 明英宗实录·卷192.景泰元年五月己酉条。

未提到自己失德、为政不畅等内容。

在此诏书颁布后的一年多时间内，灾害不但没有减轻反而愈演愈烈。顺治十年（1653年）六月，"苏州大风雨，海溢，平地水深丈余，人多溺死；安定白河雷雨暴至，水高数丈，漂沫居民；阳谷大水，田禾淹没，民舍多塌，陆地行舟；文登大雨三日，海啸，河水逆行，漂没庐舍，冲压田地二百五十余顷"。顺治十一年（1654年），黄河、永定河等多处决口。针对这种情况，顺治皇帝于本年十一月下诏书曰："朕缵承鸿绪，十有一年，治效未臻，疆圉多故，水旱叠见，地震屡闻，皆朕不德之所致也。朕以眇躬讬於王公臣庶之上，政教不修，疮痍未复，而内外章奏，辄以圣称，是重朕之不德也。朕方内自省抑，大小臣工亦宜恪守职事，共弭灾患。凡章奏文移，不得称圣。大赦天下，咸与更始。"此次的罪己诏，顺治皇帝将灾害的发生全部归咎于自己的不德，因此为了弭灾，他本身要内自反省，也要求大臣们恪尽职守，他还规定大臣在上奏折的时候不能称他为"圣"，以此来消弭灾害。清代皇帝还因水旱灾害而下诏修省，如康熙九年（1670年），夏旱，诏百官修省；同治元年（1862年），自正月以来不雨，诏修省，求直言；同治九年（1863年），以水旱叠见，诏修省。[①]

顺治皇帝像

二、倡行节俭，约束自己

水旱灾害发生之后，皇帝还会以自己的实际行动约束自己，提倡节俭，表现出与百姓同甘共苦的姿态。

（一）节约膳食

节约膳食是皇帝厉行节俭的重要方面。发生水旱灾害，百姓食不果腹，作为皇帝自然不应再山珍海味。为了表达皇帝对自己的谴责和与百姓同甘苦，皇帝往往会减少自己的膳食，借以惩戒自己。

---

① 朱凤祥. 中国灾害通史·清代卷. 郑州：郑州大学出版社，2009：333-334.

北魏和平五年（464年）四月，文成帝因为大旱而减膳责躬，当天夜里，天就降下大雨。太和二年（478年）五月，京师大旱，孝文帝亲自在北苑祈雨，同时减少膳食，避正殿，到了傍晚就下起大雨。孝文帝在发生旱灾时不仅减少膳食，还辍食，如太和二十年（496年）七月，孝文帝以久旱而三天不进食，大臣们表示担忧，于是他们集合起来到宫中请求皇帝进食。当时孝文帝在崇虚楼，他派遣舍人问大臣们说："朕知卿等至，不获相见，卿何为而来？"平南将军王肃对曰："伏承陛下辍膳已经三旦，群臣焦怖，不敢自宁。臣闻尧水汤旱，自然之数，须圣人以济世，不由圣以致灾。是以国储九年，以御九年之变。臣又闻至于八月不雨，然后君不举膳，昨四郊之外已蒙滂澍，唯京城之内微为少泽。蒸民未阙一餐，陛下辍膳三日，臣庶惶惶，无复情地。"孝文帝遣舍人答曰："昔尧水汤旱，赖圣人以济民，朕虽居群黎之上，道谢前王，今日之旱，无以救恤，应待立秋，克躬自咎。但此月十日已来，炎热焦酷，人物同悴，而连云数日，高风萧条，虽不食数朝，犹自无感，朕心未至所致也。"王肃说："臣闻圣人与凡同者五常，异者神明。昔姑射之神，不食五谷，臣常谓矫。今见陛下，始知其验。且陛下自辍膳以来，若天全无应，臣亦谓上天无知，陛下无感。一昨之前，外有滂泽，此有密云，臣即谓天有知，陛下有感矣。"高祖遣舍人答曰："昨内外贵贱咸云四郊有雨，朕恐此辈皆勉劝之辞。三覆之慎，必欲使信而有征。比当遣人往行，若果雨也，便命大官欣然进膳。岂可以近郊之内而慷慨要天乎？若其无也，朕之无感，安用朕身以扰民庶！朕志确然，死而后已。"这天夜里，果然天降大雨。[①]

唐代的皇帝也有减少膳食的记载，如唐太宗曾经发布"以旱减膳诏"，诏书曰："朕以寡德，祇膺宝命，而政惭稽古，诚阙动天。和气愆於阴阳，亢旱涉於春夏。靡爱斯牲，莫降云雨之泽，详思厥咎，在予一人。今避兹正殿，以自克责，尚食常膳，亦宜量减。京官五品已上，各进封事，极言无隐，朕将亲览，以答天谴。"[②]唐高宗的"减膳诏"曰："上封人所进食极恶，情之忧灼，中宵辍寐，永言给足，取愧良深。夫国以人为本，以食为天，百姓不足，君孰与足？朕临御天下，於今七年，每留心庶绩，轸虑农亩，而政道未凝，仁风犹缺，致令九年无备，四气有乖，遂使去秋霖滞，便即罄竭。所以仁西郊而结念，眷东作以劳怀，岂下乏农夫，上甘珍馔，宜令所司，常进之食，三分减二。"[③]从诏书中可以看出，两位皇帝都将旱灾归咎于自己的寡德，因此，减少膳食，以作为惩戒。

---

① [北齐]魏收.魏书·王肃传.北京：中华书局，1974：1408-1409.

② [清]董诰，等.全唐文·卷7.上海：上海古籍出版社，1990：31.

③ [清]董诰，等.全唐文·卷12.上海：上海古籍出版社，1990：58.

（二）遣散宫女

皇帝有时也会遣散宫女，节约宫廷消费。封建皇帝为了享乐，从民间选出大量年轻女子入宫，久而久之，人数越来越多，增加了宫廷的财政负担。古人认为，宫中的宫女人数众多，会导致"阴气郁积"和"阴盛阳微"，不但对皇帝不利，而且会导致阴阳失调而发生灾害。所以，一旦有灾害来临，皇帝会释放大量宫女。东汉延熹元年，天下大旱，汉桓帝就释放了大量宫女。

唐朝因灾荒遣散宫人主要有八次，绝大部分都是因为水旱灾害而释放宫人。①唐高宗时期，不断发生灾害，其《放宫人诏书》曰："为国之道，必从简惠；正家之义，允归俭约。故知兴替之本，得失之基，爰自六宫，刑于四海。既而西都之后，累叶骄奢；东汉之君，相继淫佚。魏庭晋室，采择无厌，水运仓积，选纳逾广。节文既废，怨旷滋深，糜费极多，流弊忘反。朕以寡薄，嗣奉瑶图，临驭八纮，亭育万类。向隅之念，每切於忧兢；纳隍之心，实劳於夙夜。率由成训，仰遵先旨。即位之初，备加宽贷。年老宫人，已令放出，椒掖之内，人数犹多。久离亲属之欢，长供扫除之役，永年幽闭，良深矜悯。又去年霖雨，颇伤苗稼，在於州县，非无乏少，资给后庭，有妨国用，宜申兹大造更量放出宫人。可令宫司料简，具录名帐。所司依状散下，归其戚属。若无近亲，任求配偶。所在官府，存心安置，勿使轻薄之徒，辄行欺诱，空有窃赍之弊，便无偕老之讬，务加存恤，令遂所怀。"②唐肃宗也在《放宫人诏》中说："违其（宫人）情性，则谪见天象；态其供亿，则糜费国储，非以达冤烦振系滞之义也。宜放内人三千人，各任其嫁。"从上面两则诏书可以看出，宫女人数众多，浪费了大量资财，皇帝为了体现节俭而释放宫女。对于释放的宫女也给以优厚的待遇，免受他人欺凌。

宋代因灾而遣散宫女多达10次，具体因旱灾释放宫女的，如绍圣四年释放24人，崇宁元年释放76人，政和三年释放279人，因水灾释放宫女的，如开宝五年释放50多人，大观四年释放486人，政和五年释放50人，重和元年释放178人。③

三、改元避殿，清理刑狱

古代皇帝认为灾害是失德所致，除了自己自省之外，改变年号、避正殿处理政务、清理刑狱

---

① 李军.灾害危机与唐代政治.北京：首都师范大学，2004：35.

② [清]董诰，等.全唐文·卷12.上海：上海古籍出版社，1990：58.

③ 罗先勇.自然灾害与宋代政治初探.成都：四川师范大学，2013：29.

等政治活动也是修德的重要组成部分，这些活动可以消除灾害。

（一）改元

改元，即改变年号，古人认为发生自然灾害，改元可以消除灾害，具有重新开始的意思。汉武帝之前，没有年号之说，汉武帝创制年号以后，延续至清末。据学者统计，除西汉平帝后至东汉光武帝前或僭窃或地方武装建立的政权所立的年号外，从汉武帝正式建元开始，两汉的皇帝共建元、改元达76次之多。改元的原因五花八门，归纳起来主要有自然灾害、现祥瑞嘉物、日食、封禅祭祀、祈天赐祥瑞等，其中以因自然灾害而改元者最多，达35次，而汉武帝不仅开中国历史上帝王建元立年号之先河，而且开启了因灾而改元的端绪。① 汉武帝的"天汉"年号就是因为遭遇旱灾而改。从元封元年（110年）以后的几年，连续发生旱灾，所以汉武帝将年号改为"天汉"。应劭有言："时频年苦旱，故改元为天汉，以祈甘雨。"颜师古也说："《大雅》有《云汉》之诗，周大夫仍叔作也。以美宣王遇旱灾修德勤政而能致雨，故依以为年号也。"可见，汉武帝改年号正是为了求雨之用。公元前48年，关东十一个郡国发生水灾，百姓大饥，出现了人相食的现象，汉元帝于是改元为"初元"。公元前29年三月，黄河决口，大水蔓延两个州，

宋仁宗像

后来水灾平息，第二年汉成帝改元为"河平"。公元105年六月，三十七个郡国发生水灾，湮没了庄稼，第二年汉殇帝改元为"延平"，公元119年五月，京师大旱，第二年汉安帝改年号为"永宁"，但是接着两年又有水灾，随后改元"建光"、"延光"。从上面可以看出，当水旱灾害来临时，更改年号成为一种防灾救灾的手段，借以表达国泰民安的美好意愿。

"唐代咸亨元年三月，以京师旱，大赦天下，改总章三年为咸亨元年。（仪凤）三年四月戊申，以旱大赦天下，改来年正月一日为通乾元年。二月又诏停明年通乾之号，以反语不善故也。"遂改为"调露"。《资治通鉴》卷二百二仪凤三年十二月条胡注云："通乾，反语为天穷"。而"调露"之意不言而喻，也含有祈求上天普降霖雨、风调雨顺的意味。

宋代也有因灾改元的事例。宋仁宗时，由于连年大旱，宋仁宗遂将明道三年改元为景祐元年。庆历时期，河北下大雨，民死者十之八九，宋仁宗于是又将庆历年号改元为皇祐，希望能够"侧

---

① 陈业新. 灾害与两汉社会研究. 上海：上海人民出版社，2004：213-214.

身修德，于政治以为先。作善降祥，庶凶灾之可伏。"[1]

可见，改元作为消灾的手段之一，其改变后的年号名称都表达了皇帝的美好愿望。

（二）避正殿

避正殿，即古代国家有灾异急难之事，帝王避离正殿，到侧殿或别处处理政事，表示自我贬责，以期消灾弥难。因旱灾退避正殿起于汉宣帝。东汉光武帝建武七年（31 年）三月癸亥，明帝永平十八年（75 年）十一月甲辰，汉献帝兴平元年（194 年）六月乙巳，三帝均"避正殿，寝兵，不听事五日"。汉献帝建安十八年（213 年），三辅大旱，献帝避正殿请雨。北周保定三年（563 年）五月，因为旱灾，周武帝曾避正殿寝不受朝。唐代皇帝因灾异而避正殿的次数共有 25 次之多，其中太宗 3 次，高宗 8 次，武后 2 次，中宗 3 次，玄宗 2 次，代宗 1 次，德宗 1 次，文宗 2 次，武宗 1 次，宣宗 1 次，僖宗 1 次。[2] 在这些避正殿的事例中，有大量是因为水旱灾害而避正殿。如永徽二年（651 年）几月至第二年正月，连续五个月没有下雨，天下大旱，唐高宗下诏避正殿，在东侧殿处理政务，直到二月天降大雪，才转到正殿。不管避正殿是不是真正起了作用，在实际中确实达到了预期的效果。如贞观十七年（643 年）六月，天下大旱，唐太宗避正殿并且减少了膳食，没几天果然天降大雨，百官前来祝贺，并请求恢复膳食，移到正殿处理政务，得到了唐太宗的同意。丁未雨降百寮奉贺请复常膳御正殿诏从之。麟德元年（664 年）五月，唐高宗以久旱而派遣使者到名山大川祈告，并避正殿，御帐殿丹霄门外听政，三天后，天下大雨。

宋代皇帝的避正殿情况，根据《宋史·本纪》统计，共有 36 次，其中因自然灾害的有 15 次。其中，神宗 1 次，哲宗 2 次，孝宗 7 次，理宗 5 次。[3] 如神宗熙宁七年（1074 年）三月六日，因旱下诏曰："朕涉道日浅，晦于致治，政失厥中，以失阴阳之和。乃自冬迄春，旱暵为虐，四海之内，被灾者广。间诏有司，损常膳，避正殿，冀以塞责消变。历日滋久，未蒙休应，嗷嗷下民，大命近止，中夜以兴，震悸靡宁。"[4] 仁宗庆历七年（1047）三月因为旱灾而下的《大旱责躬避殿减膳许中外言事诏》曰："不御正殿，不举常珍，外求直言，以答天谴。冀高穹之降鉴，悯下民之无辜。与其降疾于人，不若移灾于朕。庶用感格，以底休成。自今月十九日后，只御崇政殿，仍减常膳。

---

① 宋大诏令集·卷 2. 灾伤改景祐元年御札 . 北京：中华书局，1962：8.

② 李军 . 灾害危机与唐代政治 . 北京：首都师范大学，2004：26.

③ 罗先勇 . 自然灾害与宋代政治初探 . 成都：四川师范大学，2003：24.

④ ［清］徐松 . 宋会要辑稿（帝系九之一五）. 影印本 . 北京：中华书局，1962.

应中外文武臣僚，并许实封言当世切务。"

（三）清理刑狱

古人认为，若有冤狱发生，则上天会有所警示，到了人间就会发生灾异。因此，皇帝会清理刑狱，甚至大赦天下。

清理刑狱的一个重要方式就是录囚。录囚又称为虑囚，是由君主或上级长官向囚犯讯察决狱情况，平反冤狱，纠正错案，或督办久系未决案的制度。在因灾害而录囚的过程中，旱灾占了绝大多数。汉和帝永元六年（公元 94 年）七月，京师大旱，皇帝巡幸雒阳寺，录囚徒，察举冤狱，结果将雒阳令下狱抵罪，司隶校尉河阳也被降职，皇帝回宫后就下起了雨。北魏景明四年（503年），天下大旱，宣武帝命尚书重新审讯京师被关押的囚犯，不久后下雨。隋朝开皇二年（582年）四月，大旱，隋文帝亲自省囚徒，当日大雨。唐朝武德四年（621 年）三月，唐高祖以旱亲录囚徒，不久下雨。唐太宗时期也多次因为旱灾而下诏减轻刑罚，如《久旱简刑诏》曰："去冬之间，雪无盈尺；今春之内，雨不及时。载想田畴，恐乖丰稔。农为政本，食乃人天，百姓嗷然，万箱何冀？昔颍城之妇，陨霜之臣，至诚所通，感应天地。今州县狱讼，常有冤滞者，是以上天降鉴，延及兆庶。宜令覆囚使至州县，科简刑狱，以申枉屈，务从宽宥，以布朕怀。庶使桑林自责，不独美於殷汤；齐郡表坟，岂自高於汉代"[1]。唐高宗发布的《恩宥囚徒诏》曰："去秋少雨，冬来无雪。今阳和在辰，春作方始，膏泽未降，良畴废业。或恐狱讼之间，尚有淫滥，含冤未达，弗辜致罪。百姓有过，责深在予，宜顺彼发生，申兹恩宥。在京及天下囚徒，死罪宜降从流，流已下放免。鳏寡茕独及笃疾之徒，量加赈恤，务令得所。"[2] 唐穆宗发布的《清理庶狱诏》曰："自冬以来，甚少雨雪，农耕方始，灾旱是虞。虞有冤滞，感伤和气，宜委御史台大理寺及府县长吏，自录囚徒，仍速决遣。除身犯罪应支证追呼，近系者一切并令放出，须辨对者任其责保，冀得克消沴气，延致休祥。"[3] 这些诏书中明确提到了发生旱灾的原因就是州县之中常有冤狱，导致了感伤和气，所以上天用旱灾给以警示。

宋代的因灾录囚共有 37 次，其中绝大部分是因为水旱灾害而录囚，水灾有 14 次，旱灾有21 次。如端拱二年（989 年）五月，宋太宗以旱灾录囚，并派遣大臣到地方清理囚犯。明道元年

---

① [清]董诰，等.全唐文·卷 7.上海：上海古籍出版社，1990：25.

② [清]董诰，等.全唐文·卷 11.上海：上海古籍出版社，1990：57.

③ [清]董诰，等.全唐文·卷 65.上海：上海古籍出版社，1990：301.

（1032年）四月，宋仁宗在崇政殿录系囚。绍熙元年（1190年）六月，宋光宗御后殿虑囚。

元代虽然是少数民族政权，但是元代的皇帝特别是忽必烈之后大都接受了汉文化传统，因此元代也有因灾害录囚的例子，如至元七年（1270年），忽必烈就因为旱灾和蝗灾而录山西、河东地方的囚犯。

除了录囚，清理冤狱以外，皇帝有时还会进行大赦。如贞观九年，山东等地发生水灾，唐太宗发布《水潦大赦诏》，宣布自贞观九年（635年）三月十六日以前的罪犯，除了犯有大辟罪、常赦不免者以外，其余罪犯皆获得大赦。而鳏寡孤独的罪犯，赦免之后，如果不能自谋生计，当地政府还有体恤，帮助他们渡过难关。这充分体现了统治者希望通过赦免罪犯来更新朝政，从而免除灾祸。

清代的皇帝非常重视因灾恤刑，如康熙皇帝就认为："刑狱或有淹滞，冤抑之气，最能上干天和。"因此清代的因灾恤刑比较频繁，据统计，清代的因灾恤刑总数多达67次，其中因为旱灾恤刑58次，因水灾3次，因地震2次，因瘟疫1次，还有因综合灾害3次。可见因为旱灾而恤刑占了绝大多数。

清代的恤刑内容广泛，大体可以分为以下四个方面：第一，清理积案重案，如康熙元年京师地区少雨雪，康熙皇帝下令刑部严惩不法官员。后来，康熙皇帝又多次因为旱灾而派要员会同刑部审理重犯，以求狱无冤滞。第二，因灾赦免，如顺治十一年（1654年）十一月，因为水旱频繁，顺治皇帝下诏大赦天下，规定除了犯谋反叛逆等十恶罪名及监守自盗、坏法受赃、侵盗漕粮不赦免之外，其余罪无大小，均予以赦免。又如康熙二十六年（1687年）、乾隆二年（1737年），皇帝也因为天气干旱而诏令赦免囚犯。第三，因灾缓刑，一方面对在发生灾害时犯罪的人进行缓刑，另一方面则对囚犯实行必要的减刑。第四，停止词讼，如顺治十一年（1654年），因为直隶发生水灾，顺治皇帝下令地方官除了强、人命之外，其余户婚、田土等一切词讼都要暂停受理。[①]

四、下诏求言，调整朝政

发生水旱灾害之后，皇帝为了调整统治政策，会广开言路，让大臣们议论朝政，以寻求治国之道，朝臣也会借此抨击时政。

---

① 赵晓华. 清代的因灾恤刑制度. 学术研究，2006（10）.

（一）唐朝的因灾求言

唐朝神龙元年（705年），大水，唐中宗下诏文武九品以上官直言极谏。宋务光上书，对自然现象与朝政的关系，皇帝的行为与朝政的关系等方面做了细致的分析。

宋务光的奏疏包含了四个方面：第一，宋务光要求皇帝要通下情，接受群臣的建议，这样君主才能不孤立，从而治理好国家。第二，宋务光认为天人之间是有联系的，若时间发生变化，则天象必定给以警示。现在国家多灾多难，河水暴涨，百姓遭殃，这是因为君主没有祭祀山川和祖先的缘故。此外，宋务光还提到阴气即为水，而阴气又代表了女性，天下发生水灾，则表明了后宫弄权。因为当时武则天刚刚去世，外戚的势力还很大，而又有韦后等弄权，宋务光借以告诫皇帝要消除唐朝廷内后宫和女性当权的影响。第三，宋务光提到牛多病死，而牛祸是因为君主不思所致，所以他告诫皇帝不能再声色犬马，而是要励精图治。第四，宋务光提到了当时唐王朝的残破景象，国库空虚、百姓贫困、边防不稳，所以皇帝要以身作则，提倡节俭，并且鼓励农耕，减少赋税，以富足百姓。宋务光还认为，太子既是国家储君又是国家的根基，必须选择贤能之人，早立太子，以安定社稷，安抚民心。宋务光还建议皇帝要亲贤臣，远小人，国家大权不能交给象武三思这样的人，要下诏求言，治乱求安。

与此同时，清源尉吕元泰也上书批评时政，他说：

> "国家者，至公之神器，一正则难倾，一倾则难正。今中兴政化之始，几微之际，可不慎哉？自顷营寺塔，度僧尼，施与不绝，非所谓急务也。林胡数叛，獯虏内侵，帑藏虚竭，户口亡散。夫下人失业，不谓太平；边兵未解，不谓无事；水旱为灾，不谓年登；仓廪未实，不谓国富。而乃驱役饥冻，雕镂木石，营构不急，劳费日深，恐非陛下中兴之要也。比见坊邑相率为浑脱队，骏马胡服，名曰'苏莫遮'。旗鼓相当，军阵势也；腾逐喧噪，战争象也；锦绣夸竞，害女工也；督敛贫弱，伤政体也；胡服相欢，非雅乐也；浑脱为号，非美名也。安可以礼义之朝，法胡虏之俗？《诗》云：'京邑翼翼，四方是则。'非先王之礼乐而示则于四方，臣所未谕。《书》曰：'谋时寒若。'何必裸形体，灌衢路，鼓舞跳跃而索寒焉？"①

吕元泰对朝政的批评比宋务光更加猛烈，他直指时弊，如广建寺庙，剃度僧尼，边疆不稳，

---

① ［北宋］欧阳修. 新唐书·卷118. 北京：中华书局，1975：4276-4277.

国库空虚，营造宫室，风俗浮华等，要求皇帝要改变现状，励精图治。不幸的是，当时韦后专权，宋务光和吕元泰的建议都没有得到实行。

贞元十九年（803年）夏旱，百姓流连失所，许孟容要求减轻百姓的赋税，他上疏道："臣俯首，听说陛下数月以来，斋居减食，为百姓操心竭虑。又命官员奔赴各地，祭祀百神，可仍然密云不雨，麦种未播。难道缺少美酒供奉，祈祷不够虔诚？或是天地安排，丰歉命定？若非如此，为何圣上精诚所至，老天不降甘霖作为回答呢？臣历年研究自古而今上天下民交互感应之事，没有一桩不是与百姓急迫、深切之利害，国家重大、影响深远之政令相关。京师乃万方朝会之地，加强京师削弱地方是自古通行之规。京师一年所收税钱及地租，多达一百万贯左右。臣俯首，恳望陛下即日下令，全部减免；求其次，也要减免三分之二。这样又可使大旱之年，百姓免于流亡。若播种无望，官府依旧征税敛租，那么必使百姓愁怨而迁徙，不恋先人故土。臣之愚见以为，陛下德音一发出，恩泽必有报应，变灾为福，希望就在须臾之间。再说户部所收取掌管的钱财，并非用作计划内开支，本为防备意外之急需。现在遭此大旱，直接支付一百万贯，顶替京兆府百姓一年的租税，实为陛下之绝大谋略，普天下人必定欢欣鼓舞歌颂陛下圣德。且应进一步审查各种政务之中有流放征戍应当回还而未还的，服役囚禁应当释放而未放的，拖欠进献应当免除而未免的，冤屈郁抑应当申雪而未申的，一有发现，就应特别降诏明令，命主管官员书写翔实，三日内奏报。那些当还、当放、当免、当申的，下诏之日，所在官署应立即执行。"许孟容奏请之事虽未实行，舆论却称赞他。其实，许孟容的奏疏不仅是批评时政，而且有更深层的含义。贞元末年，裴延龄、李齐运等谗言毁谤大量官员，导致他们被流放或贬谪，常常十数年不被宽赦，调职，所以，许孟容此时上奏也是借旱灾歉收一事对朝政进行批评。

（二）宋朝的因灾求言

宋代皇帝在发生自然灾害后也会下诏求言，例如，咸平二年（999年）闰三月，宋真宗因为旱灾发布《以旱求直言诏》，庆元元年（1195年）五月，大旱，宋宁宗也下诏求直言。

两位皇帝在诏书中首先以谦虚的态度来反思自己的德行和为政，然后再大开言路，要求大臣们要直言极谏，凡是"弊事可除，便利可兴"者都可以上言，以达到改正错误，国治民安的效果。

皇帝下诏求言，许多大臣则借机批评时政，指摘朝政的不足。如元祐二年（1087年）四月，右司谏王觌因为连年的旱灾而上奏宋仁宗，针砭时弊，他说："夫中都之官，雍容养望者多，而纪纲浸隳；诸司之吏，骄慢玩法者众，而鞭笞罕及。此京师官吏之不肃也。监司妄意朝廷厌于督责者，以苟简为适时；郡县妄意朝廷主于宽大者，以纵弛为得计。此监司郡县之不肃也。国之凶人，可诛窜以明国之刑者，或沮格于大臣之言；民之巨蠹，可黜削以释民之怨者，或稽留于典史之手。此刑罚之不肃也。令出惟行弗惟反，今发号出令，或数日而追，或累月而变者。此号令之不肃也。广西新州之役，以兵将邀功，无辜受戮者千余人，远方之民衔冤无诉矣，而久不正其罪。此军政之不肃也。河北塘泊之峻，以大河横流，涨为平陆者数百里，敌骑之来将通行而无碍矣，而莫有任其责者。此边吏之不肃也。凡政事之不肃者类如此，而求所谓时雨顺之，不其难哉！”①

王巩在奏章中指出了当时的六大弊政，即京师官吏不肃、监司郡县不肃、刑罚不肃、号令不肃、军政不肃、边吏不肃。最后，王巩认为各种政事如此不堪，想要求雨，是多么困难啊，言外之一，必须革除弊政，才能免除旱灾。

而陕西转运使庞籍则将康定元年（1040 年）的大旱归咎于朝廷对于资财的浪费。他认为：“连年灾异，天久不雨，臣谓弭灾消祸，在朝廷自修。比年费用奢广，出纳不严，内中须索既多，有司以凭由除破，无缘钩较虚实。臣窃谓凡乘舆所用，宫中所费，宜取先朝为则。今宿师西鄙，力战重伤，方获功赏，而内官、医官、乐官，无功时享丰赐，故天下指目，谓之三官。愿少裁抑，无厚赍予，专励战功，敌寇不足平也。”② 因此，他要求皇帝要减少无谓的赏赐与奖励，要专门奖励战功，以抵御外寇。

（三）元明朝的因灾求言

元朝至元十四年（1277 年）三月，忽必烈因为接连几个月没有雨雪，而派人向翰林国史院的官员征问“便民之事”。当时国史院的大臣耶律铸、姚枢、王磐、窦默等人说：“足食之道，唯节浮费。靡谷之多，无逾醴醴麦蘖。况自周、汉以来，尝有明禁。祈赛神社，费亦不赀，宜一切禁止。”他们请求废除许多奢侈浮华之事，提倡节俭，得到了忽必烈的同意。

明朝官员借水旱灾害之际上述陈情国政的更是比比皆是。成化三年（1467 年）八月，南京监察御史李英就因连年水旱相仍而上书皇帝，批评政事。他说：

> “奏伏见今年六月雷震南京午门，椽瓦脱落，金柱损坏。窃惟南京根本之地，午
> 门正朝之所，变不虚发，必有其由。况比年南北几甸水旱相仍，四川、辽东、地震

---

① ［南宋］李焘．续资治通鉴长编·卷 398. 北京：中华书局，2004：9712-9713.

② ［南宋］李焘．续资治通鉴长编·卷 127. 北京：中华书局，2004：3014.

不已，今灾变复见于阙廷之上，譬之人身手足之疾未瘳，而心腹之疾继作，其为可畏尤甚。臣观自古风雷、地震之变不一，而夷考其由，或因君心未悟，或因王政不纲，或因宫闱预政，或因内侍擅权，或因强臣跋扈，或因夷狄侵陵，应虽不同，其为阴盛阳衰之象则一方。今承平日久，庶务因循时政之弊，固非一言可尽，而天地之变亦非一事所致。自非君臣上下同加警省，务修实德以行实政，则何以答天谴而慰人心耶？况今中外臣僚忧国奉公者少，纵欲偷安者多，姑举一二大臣以例，其余如南京守备不可不严也。而成国公朱仪才识闇弱，惟务谦抑而乏守备之方；兵部尚书李宾事体生疏，滥膺重寄而无参赞之实。太学贤关不为不重也，而祭酒刘俊性资粗暴，学问荒疏，尝因醉坐肩舆过君门而不下，信才嬖妾，殴正室以成伤；他如应城伯孙继先、建平伯高远之贪暴剥削，都督同知吴良、都督佥事戚斌之老疾罢软；此皆纵欲偷安不能弭灾，而且致灾者也。臣惟南京文武大臣不过数员，其间尚有非才如此，则在廷大臣之中恐亦未必皆才；南京守备尚不得人如此，则各处镇守、巡抚恐亦未尽得人。古之大臣遇灾或修德或避位，今之大臣遇灾则优游自安，全不介意，而所谓修省者，皆虚文耳。伏望陛下察致灾之由，求弭灾之效，节宴游，省浮费，罢贡献，以绝谄谀，广延纳，以来忠谠。仍敕两京文武群臣及在外镇守巡抚等官，痛加修省，各陈所见，以匡时政，以弭灾异，其有贪暴不才及旷官误事者，量加谴斥，以彰天罚；更选贤能以亮天工，则人事可修，天变可弭，而太平之业可保无穷矣。"①

李英的奏章分析了导致灾害的原因，他列举了古代的致灾事例，指出了当下的种种弊政，而最重要的就是朝中大臣不能以身作则，尽心辅政，即所谓"忧国奉公者少，纵欲偷安者多"。接着，他又专门列举了几个昏庸官员，以此来说明当下已经用非所人，文武官员皆不能修省。最后，李英提出了整治的办法，即奉行节约，免除地方的朝贡；远离奸佞之臣，广纳谏言；罢黜不合格的官员，选用贤能者为官。明宪宗在看完了李英的奏章之后，颇为感慨，下诏说："所言有理，该部即议以闻，修德弭灾，朕自当加勉也。"

成化十四年（1478年），江西、湖广、河南、山东、北直隶等地遭遇水灾，而陕西、山西等地遭遇旱灾，六科给事中张海等以灾异上言，认为朝中大臣多不得人，指斥"户部尚书杨鼎不能除

---

① 明宪宗实录·卷45.成化三年八月丙申条。

奸革弊、节用爱人，以致海内空虚，民间磋怨；都御史刘敷在湖广老懦无为，人心不服；汪霖在蓟州忠厚有余，风力不足。乞命杨鼎以礼致仕，刘敷罢归田里，汪霖足回别用"。另外还指出"江西等处参政孟淮、参议孙敬、全事胡靖、知府罗谕、庞煊、田济，俱素乏清誉。参议王灌、参政尹淳、金事李进、张述古，俱罢软无为。参议宋有文、副使伍福、张晰年老，严宪酷暴。而所任俱灾伤地方。乞将各官革去见任，放回闲住，以为旷职之戒"。张海将朝中大官与地方小官都统统批评了一遍，言辞严厉，而且直接要求罢黜这些官员。虽然张海说得很有道理，但涉及到如此多的官员，朝廷只能从轻处理，杨鼎、刘敷、汪霖等俱留任事。地方官员无益于民者，令其致仕。①

水旱灾害频繁发生时，明代皇帝也会因此而加强对官员的考核，整顿吏治。如弘治十七年五月，明孝宗下令加强对官员的考察，他认为近年来，四方灾害迭见，水旱频繁，主要原因就是巡抚、巡按等负责检查的官员弄虚作假，致使勤敏有为、廉直自持的官员被压抑，而贪黩无状、夤缘结纳的官员却得到高升，所以，官风、民风日坏，人民受害而怨气上升，从而导致了阴阳不调，水旱灾害发生。因此明孝宗下令："在外诸司官员，明年正旦适当朝觐考察之期，宜预行各处巡抚、巡按官将所属司府州县等衙门官员，或才行卓异，政绩彰闻，或贪酷害民，老懦不职等项，逐一从公开报。尔等仍广询博访，备细参详明白，具奏黜陟。若抚按官员仍前徇情率意，开报不公，指实参究并示黜罚，尔等受兹重托，宜精白一心，秉持公道，毋或有所偏徇，务俾贤否精别黜陟大明，庶几泽被生民，上回天意，尔等其钦承之。"②

以上的奏章只是对朝廷用人不当的批评，而最为严厉的当为对整个朝政的批评，如景泰五年，给事中林聪上《修德饵灾二十事疏》，条陈时务二十事："崇圣德以答天意""修人事以消咎征""慎考察以重人才""罢斋醮以纾国用""节供应以省民财""禁势要以讨田地""纾匠作以省民粮""汰僧道以省游食""减冗食以节京储""禁私役以清军旅""严开中以实边储""慎刑狱以导和气""省班匠以纾民力""拨吏役以疏奎滞""减科孤以延民困""驱民害以安善良""借柴薪以节民劳""省重役以恤人难""清军政以通下情""省造作以革奸弊"。这些问题涉及朝政的多个方面，可谓对朝政弊端的一次大揭露。弘治八年，礼部尚书倪岳等以灾异修省会同五府六部都察院等衙门上疏，条陈三十一事："仰法圣祖""俯接群臣""议处宗室""暂停工役""慎重武备""停止织造""停减斋醮""量减供应""裁抑奔竞""禁约请给""减收粮斛""监收皮张""定估计料""清查马匹""添支粮饷""拟宽调卫""收录后裔""王府军校""灾伤马匹""减造文册""军

---

① 明宪宗实录·卷181.成化十四年八月庚子条。

② 明孝宗实录·卷212.弘治十七年五月丙午条。

士月粮"、"审清刑狱"、"清查匠役"、"擅科军士"、"清除吏弊"、"量定拘系"、"宽恤追赃"、"惩戒邪慧"、"禁革科敛"、"停金民壮"、"宽宥逃罪"。嘉靖四十年五月，御史唐继禄以旱灾条上修省十事："一抚绥流民，二捍御边境，三亟销骄纵，四经画赋敛，五痛抑侈靡，六调停催科，七权宜赈恤，八裁革纳级，九量免入觐，十黜罚奸庸。"① 以上这些对朝政的批评可谓是面面俱到，但是能不能实施还要看皇帝的决断。

（四）清朝的因灾求言

清代皇帝遇有水旱灾害也会下诏求直言。乾隆七年（1742 年），全国大旱，乾隆皇帝下诏求直言，山西道监察御史柴潮生上疏曰："君咨臣儆，治世之休风，益谦亏盈，检身之至理。臣伏读上谕有云：'尔九卿中能责难于君者何人？陈善闭邪者何事？' 此诚我皇上虚怀若谷、从谏弗咈之盛心也。今岁入春以来，近京雨泽未经沾足，宵旰焦劳，不时或释。惟是大时雨旸，难以窥测。而人事修省，不妨过为责难。修省十事为者，一动一言，纯杂易见。修省于隐微者，不闻不见，朕兆难窥。君心为万化之源，普天率土，百司万姓，皆于此托命焉。皇上万几余暇，岂无陶情适兴之时？但恐一念偶动，其端甚微，而自便自恕之机，或乘于不及觉，遂致潜滋暗长而莫可遏。则俄顷间之出入，即为皇功疏密所关。伏乞皇上于百尔臣工所不及见，左右近习所不及窥，朝夕愈加劼毖，岂特随时修省致感召之休征已哉？"② 柴潮生的奏章针对的是皇帝的修省行为，他认为，皇帝能够自省是虚怀若谷，对朝政是有好处的。但是他同时告诫皇帝要从小事做起，因为皇帝的一言一行，哪怕是很微小的行为都会对国家产生很大的影响，所以，他希望皇帝能够随时修省，勿以恶小而为之。

乾隆十四年（1749 年），大旱，乾隆皇帝下诏求言，贵州道监察御史储麟趾应诏上疏。

他的奏章大体包括以下几个方面：第一，他阐述了"天人感应"理论，利用董仲舒的言论来阐明人事与自然的关系，认为天有天道，人有人道，告诫皇帝要行君德，以此为接下来的言论做了铺垫。第二，储麟趾对乾隆皇帝提出了委婉的批评，指出了他的两个缺点，即"明之太过"和"断之太速"，也就是太聪明和太果断，这样使得朝臣对皇帝的行为不可预测，也难以提出中肯的意见和建议。第三，他引用韩愈的关于旱灾成因的言论，批评乾隆皇帝掌权太专。他认为，乾隆皇帝为政操劳，而大臣们却十分清闲，是"有君无臣"，所以发生了旱灾。因此他建议皇帝既要虚

① 鞠明库 . 灾害与明代政治 . 北京：中国社会科学出版社，2011：297-298.

② ［民国］赵尔巽，等 . 清史稿·柴潮生传 . 北京：中华书局，1977：10535.

心为政，处理国事，又应该信任大臣，让纯诚忧国的大臣辅助，这样必定能消灭旱灾。

很显然，储麟趾的上疏对乾隆皇帝的批评是毫不客气的，按往常来说，乾隆皇帝肯定不会放过他。但是因为是遇到旱灾，下诏求直言，所以也不能处罚储麟趾，只是对他的奏章不闻不问而已。

综上所述，水已经成为衡量皇帝好坏的晴雨表，水的过多或缺失都成为皇帝失德的表现形式。因此，一旦发生水旱灾害，皇帝会进行自省活动，或倡行节俭，或改革朝政，以此消弭灾害，这也在客观上促进了政治的清明和社会的稳定。

第四章

中国水政管理制度

中国古代行政体制完备，关于水政的管理体制也十分发达，不仅具有完善的管理机构，而且具有严格的水政法规。它们有效地促进了水利工程的修建和水旱灾害的治理。

第一节　水政管理机构

中国的水政管理机构起源很早，基本上伴随着国家的产生而产生的。它起源于上古时代治水的部族首领，到春秋战国时期，司空成为管理水政的主要官员。秦汉以后，随着国家政治体制的完善，水政管理机构逐渐独立，职责也逐渐明确。隋唐至明清，水政管理机构不断完善，官职设立不断增多，形成了一整套完备的自上而下的水政管理体系。

一、先秦时期的水政管理机构

关于中国水政管理的起源史籍中没有明确的记载，据推测应该是起源于上古时代治水的部落首领。水利史专家郑肇经认为，中国的水利行政起源于黄帝，即"黄帝经土设井，立步制亩，吾国水利行政实肇基于此"。后来颛顼根据金木水火土设立五官并将他们封神，分别为木正曰句芒，火正曰祝融，金正曰蓐收，水正曰玄冥，土正曰后土。此处的水正应当是管理水政的官员。舜时，伯禹为司空，"负平水土之责"，这是中国设立专职管理水政的开始。后来夏以契之子冥为司空，商朝以咎单为司空。[1]西周时，天下设天、地、春、夏、秋、冬六官，又天官冢宰、地官司徒、春官宗伯、夏官司马、秋官司寇、冬官司空，号称"六卿"。其中，冢宰和宗伯掌全局，司徒掌管田地和农业生产，司马掌管军事，司寇掌管刑法，司空掌管工程营造和管理。《荀子·王制》记载："修堤梁，通沟浍，行水潦，安水臧，以时决塞。岁虽凶败，使民有所耘艾，司空之事也。"《礼记·月令》也记载："季春之月，命司空曰：时雨将降，下水上腾，循行国邑，周视原野，修利堤防，道达沟渎，开

黄帝像

---

[1]　郑肇经. 中国水利史. 北京：商务印书馆，1998：325.

辟道路，毋有障塞。"可见司空实际上是掌管水政的专属官员。

齐国政治家管仲对水官的设置和职能有独到的见解。他认为："除五害之说，以水为始。请为置水官，令习水者为吏。大夫、大夫佐各一人，率部校长官佐各财足；乃取水（官）左右各一人，使为都匠水工，令之行水道，城郭堤川沟池、官府寺舍及州中当缮治者，给卒财足。"又认为："常令水官之吏，冬时行堤防，可治者，章而上之都。都以春少事作之。已作之后，常案行。堤有毁作，大雨各葆其所，可治者趣治，以徒隶给。大雨，堤防可衣者衣之，冲水可据者据之，终岁以毋败为固。此谓备之常时，祸从何来？"[①] 在管

管仲像

仲看来，治理灾害，首先要治水，应该选择熟悉水利工程的人为水利官，并且设立辅助官员，对城郭、堤坝等水利设施进行管理。在管理的时候，冬天要及时尽心检查，发现堤坝有破损的地方要上报政府进行维修。而维修工作则要在春天农闲时候进行，维修完毕后也要经常检查，出现问题及时补救。为了避免大水的冲击，还要加固堤坝，以此可以防止水患。

除了司空之外，根据《周礼》记载，川衡、泽虞、掌固、司险、雍氏等都是掌管水利方面的官员。其中，川衡掌管巡川泽之政令，其设置为："川衡，每大川下士十有二人，史四人，胥十有二人，徒百有二十人；中川下士六人，史二人，胥六人，徒六十人；小川下士二人，史一人，徒二十人。"泽虞掌管国泽之政令，其设置为："泽虞，每大泽大薮中士四人，下士八人，府二人，史四人，胥八人，徒八十人；中泽中薮如中川之衡，小泽小薮如小川之衡。"此外，"掌固掌修城郭、沟池、树渠之固，司险掌九州之图以周知其山林、川泽之阻而达其道路，设国之五沟五涂而树以林以阻固，皆有守禁而达其道路"。"雍氏掌沟渎浍池之禁。凡害于国稼者，春令为阱擭；沟渠之利于民者，秋令塞阱杜擭"。还有，水虞和渔师负责征收水税。

二、秦汉时期的水政管理机构

秦始皇建立了我国第一个统一的专制主义中央集权的封建国家，他规定皇帝拥有至高无上的权力，同时还建立了一整套从中央到地方的统治机构。在中央，设立丞相、太尉、御史大夫作为

---

① [春秋]管仲. 管子. 杭州：浙江人民出版社，1987.

秦始皇帝像

最高的官职，地方则实行郡县制，把中央和地方的所有权力都集中于皇帝一人之手。汉承秦制，汉初的政治制度基本上沿用了秦朝制度，但后来官制又随着皇权的加强不断改变。秦汉时期的水政管理机构较先秦时期有了很大的发展，在中央和地方官制中的很多官员都有管理水政的职责，秦汉时期的水政管理日趋完善。

（一）中央的水政管理机构及官员

在中央管理机构中，太常、少府、大司农、大司空、尚书台等机构中有管理水政的官员。

太常，秦朝时称为奉常，西汉开始称为太常。太常的主要职责是掌管宗庙礼仪，太常的属官很多，有太乐、太祝、太宰、太史、太卜、太医六个令丞，均官、都水两个长丞，还有诸庙寝园食官令长丞等。其中都水则是专门掌管皇家的园林山泽，以及京城附近的堤坝等。

大司农，秦朝名为治粟内史，汉朝初期延续了这个名字，汉景帝后元元年（公元前 143 年）更名为大农令，汉武帝太初元年（公元前 104 年）更名大司农，王莽时改名羲和，又改为纳言，东汉复名为大司农。大司农主要掌管国家的财政，"司农领天下钱谷，以供国之常用"。大司农的属官有太仓、均输、平准、都内、籍田等部门的令和丞，斡官、铁市两长、丞，郡国诸仓、农监、都水，六十五官长丞等，从这些部门的名称看，大司农掌管着国家的农业生产和经济命脉。其中郡国都水是专门管理水利以及渔业税的官员，当时，郡国之中有水池以及渔业发达的地方都设置水官，主要是管理水利工程以及渔税，都水官有可考者主要有蜀都水、安定右水长、张掖水长、张掖属国左卢水长等。[①]

少府，秦汉时都名为少府，但王莽时曾改名为共工。秦朝的少府掌管"山海地泽之税"，《汉官仪》说："少府掌山泽陂池之税，名曰禁钱，以给私养，自别为藏。少者，小也，故称少府……大用出司农，小用出少府，故曰小府。""山泽陂池之税以供王之私用，古皆作小府。"可见大司农和少府都是国家的财政机关，大司农掌管的国家财政支出，而少府则是掌管皇家财政支出。少府内也设有都水，掌管着山泽水利。

太常、大司农、少府中都设有都水官，其职掌与官署是相联系的。属太常的水官，是京畿地区和皇家园囿内水官；少府的水官负责收渔产及与水资源有关的税；大司农下辖的都水丞是

---

① 安作璋，熊铁基. 秦汉官制史稿. 济南：齐鲁书社，2007：175.

决策水政务、主持水利工程的国家水行政长官。如汉武帝元光时，大司农郑当时规划关中漕渠，提出"引渭穿渠，起长安，并南山下"，他的建议被采纳，使关中地庆民田得以灌溉，节省了漕粮运量。[1]

水衡都尉，秦朝无此官，汉武帝于元鼎二年（公元前115年）设立，主管上林苑，下有五丞。其属官有上林、均输、御羞、禁圃、辑濯、钟官、技巧、六厩、辩铜九官令丞，还有衡官、水司空、都水、农仓、甘泉、上林、都水七官长丞。其中水司空主管治水和罪人，都水掌管水利和渔税。汉成帝时，设置左右使者各一人，哀帝时罢设。王莽改水衡都尉为予虞。

汉武帝像

除了以上专门设有管理水政的机构外，其他许多官员有时也负有管理水政的责任。如汉武帝元鼎六年（公元前111年），左内史倪宽住持修筑了六辅渠。汉成帝建始时黄河在馆陶决口，泛滥于华北四郡32县，这次大水灾朝廷所实施的救援、堵口等措施和行动，涉及了朝廷的许多官员。王莽时，大司马史张戎、御史韩牧、大司空掾王横等皆应诏议治河策略。

（二）地方官员

秦朝地方管理实行郡县制，分为郡、县两级。汉朝则郡国并行，仍以郡县制为主，后来中央派遣监察御史到地方，转变为刺史、州牧，地方进而形成了州、郡、县三级。

郡的长官为郡守，掌管一郡之事，其佐官有丞、长史、都尉等，此外还有众多的属吏，如功曹、户曹、田曹、水曹、都水、学官等，其中水曹和都水都是管理水利的官员。县中以县令为长官，有县丞、县尉和诸多属官，县内也有水曹。如《后汉书·许杨传》记载："汝南旧有鸿郤陂，成帝时丞相翟方进奏毁败之。建武中，太守邓晨欲修复其功，闻杨晓水脉，召与议之……因署杨为都水，使典其事。"《隶释·绵竹江堰碑》记载，广汉有都水掾和水曹掾、史各一人，可见水曹与都水同时存在。《金石萃编·西岳华山庙碑》有监都水掾。有的地方还置监津渠漕水掾，如河南尹吏员就有监津渠漕水掾二十五人。[2]

---

① 谭徐明. 中国古代水行政管理的研究. 郑州：黄河水利出版社，2006.

② 安作璋，熊铁基. 秦汉官制史稿. 济南：齐鲁书社，2007：614.

（三）河堤使、河堤谒者

除了固定的水政管理机构和官员之外，遇到重大水灾或水利工程，皇帝还会派专门人员前往。这些官员往往被授予河堤谒者、河堤使、河堤都尉等官称。如汉成帝时，黄河在馆陶及东郡金堤决口，淹没兖州、豫州、平原、千乘、济南等地，"凡灌四郡三十二县，水居地十五万余顷，深者三丈，坏败官亭室庐且四万所"。御史大夫尹忠疏于治河方略，被汉成帝责问，尹忠自杀。随即汉成帝派遣大司农非调筹集钱粮进行赈灾，谒者二人调集河南以东漕运船只五百艘运送灾民到丘陵地带。后来，河堤使者王延世修筑河堤，他"以竹落长四丈，大九围，盛以小石，两船夹载而下之"，用了一个多月的时间将河堤筑成。汉成帝十分赞赏王延世，拜其为光禄大夫，秩中二千石，赐爵关内侯。[①] 著名的治水专家王景也曾被授予河堤谒者的官职。

三、魏晋南北朝及隋唐时期的水政管理机构

魏晋南北朝时期的水政管理因袭了两汉的制度，而稍有改变。隋唐时期，由于整个官僚体制的改变，水政管理体制也发生了重大变化，并对后世的水政管理产生了巨大的影响。

（一）水部

魏晋南北朝及隋唐时期，尚书体制中的水政管理机构为水部。魏晋时期，水部是尚书中的一个重要部门，在历次尚书变化中始终没有被撤销。南朝宋时，设有尚书令，任总机衡。由仆射、尚书，分领诸曹。其中，左仆射领殿中、主客二曹，吏部尚书领吏部、删定、三公、比部四曹，祠部尚书领祠部、仪曹二曹，度支尚书领度支、金部、仓部、起部四曹，左民尚书领左民、驾部二曹，都官尚书领都官、水部、库部、功部四曹，五兵尚书领中兵、外兵二曹。后来的齐、梁、陈以及后魏、北齐各朝，其水部都是由都官尚书领之。

隋唐以后，中央机构实行三省六部制度。隋朝尚书省事无不总，设置令、左右仆射各一人，总吏部、礼部、兵部、都官、度支、工部等六曹事，是为八座。属官有左、右丞各一人，都事八人，分司管辖。其中工部尚书统工部、屯田侍郎各二人，虞部、水部侍郎各一人。

从隋朝之后，水部皆隶属于工部。唐朝工部，掌天下百工、屯田、山泽之政令，其属有工部、屯田、虞部、水部四个部门，屯田掌天下屯田之政令，虞部掌天下虞衡、山泽之事，水部则"掌

---

① ［东汉］班固 . 汉书·沟洫志 . 北京：中华书局，1962.

天下川渎、陂池之政令，以导达沟洫，堰决河渠。凡舟楫、灌溉之利，咸总而举之"。水部设有郎中一人，从五品上，员外郎一人，从六品上。此外，水部还负责制定灌溉、舟楫、桥梁规章制度，例如："凡水有灌溉者，碾硙不得与争其利；灌溉者又不得浸人庐舍，坏人坟隧。通仲春乃命通沟洫，立堤防，孟冬乃毕。若秋、夏霖潦，泛滥冲坏者，则不待时而修葺。凡用水自下始。""凡天下造舟之梁四，石柱之梁四，木柱之梁三，巨梁十有一，皆国工修之。其余皆所管州县随时营葺。其大津无梁，皆给船人，量其大小难易，以定其差等。"[1]

（二）都水台、都水监

三国魏设有水衡都尉，掌管天下水军、舟船和器械。晋时设置都水台，官员有都水使者一人，官品第四，主要掌管舟楫之事；又有参军二人和左、右、前、后、中五水衡。南朝宋孝武帝省都水台而设置水衡令，齐朝则复设置都水台使者一人。梁武帝天监七年（508年）改都水台为太舟卿，为冬卿，班第九，属官如晋朝，后又加当关四人，陈朝因袭而行。北魏也设有都水使者，正第四品中，水衡都尉，从五品中，另外还有都水参事六人。太和二十二年（498年），改都水使者为从五品，同时罢水衡都尉。北齐都水台设都水使者两人，北周则设司水中大夫一人。

隋朝都水台有使者二人，从第五品，另有丞、参军、河堤谒者、录事、掌船局都水尉、诸津尉、丞、典作、津长等。开皇三年（583年），隋文帝将都水台并入司农，十三年又恢复都水台。仁寿元年（601年），改为都水监，隋炀帝改设都水使者，正五品，统舟楫、河渠两个部门，大业五年（609年），又改都水使者为都水监，加至四品，并且设置少监，为五品。后又改都水监为都水令，从三品，改少监为少令，从四品。唐朝改为都水署，隶属于将作监，从七品下。贞观中，复改为都水使者，从五品上。龙朔二年（661年）改为司津监，咸亨元年（670年）复改为都水使者。光宅元年（684年）改为水衡都尉，神龙元年（705年）改回都水监。

唐朝都水监，设有使者二人，正五品上。《唐六典》记载："都水使者掌川泽、津梁之政令，总舟楫、河渠二署之官署。辨其远近，而归其利害；凡渔捕之禁，衡虞之守，皆由其属而总之。凡献享宾客，则供川泽之奠。凡京畿之内渠堰陂池之坏决，则下于所由，而后修之。每渠及斗门置长各一人。至溉田时，乃令节其水之多少，均其灌溉焉。每岁，府县差官一人以督察之；岁终，录其功以为考课。"可见，都水使者的责任主要有两方面：一是掌管天下水利工程的修建和维护，二是掌管渔利。都水监另设有丞二人，从七品上，主要负责水的使用，"丞掌判监事。凡京畿诸

---

[1] 李林甫，等. 唐六典·卷7. 北京：中华书局，1992：225-226.

水，禁人因灌溉而有费者，及引水不利而穿凿者；其应入内诸水，有余则任王公、公主、百官家节而用之"。还设有主簿一人，从八品下，负责印章和稽查，"主簿掌印，勾检稽失。凡运漕及渔捕之有程者，会其日月，而为之纠举"。

都水监下设两个部门，舟楫署和河渠署。舟楫署的演变如下：汉朝中尉属官有都船令、丞，水衡都尉有辑濯令、丞。晋朝水衡令各有舷曹吏。齐职仪有船官典军一人。后周有舟工中士一人。隋朝都水使者领掌船局都尉二人，隋炀帝改为舟楫署令一人，丞二人。唐朝沿袭了隋朝的设置，舟楫署有令一人，正八品下，丞二人，正九品下，舟楫署令掌管"公私舟船即运漕之事"，"诸州转运之京都者，则经其往来，理其隐失，使监漕监之"。舟楫署丞则辅助令的工作。

河渠署的演变如下：秦及两汉中都水、水衡属官有河堤谒者，即为河渠署令的源头。隋炀帝取《史记·河渠书》之义改名为署，设置令一人，丞一人，唐朝因袭并领河堤谒者、鱼师。唐朝河渠署设有令一人，正八品下，丞一人，正九品下。河渠令掌管"川泽、鱼醢之事"，"凡沟渠之开塞，渔捕之时禁，皆量其利害而节其多少。每日供尚食鱼及中书门下官应给者。若大祭祀，则供其乾鱼、鱼醢，以充笾、豆之实。凡诸司应给鱼及冬藏者，每岁支钱二十万送都水，命河渠以时价市供之"。河渠署丞辅助令的工作。

此外诸津也都有官署。《晋令》中规定，诸津渡二十四所，各置监津吏一人。北齐三局尉皆分别掌管诸津、桥梁之事。后周有掌津中士一人，掌津渡、川渎之制。隋朝都水监领诸津：上津，每尉一人、丞二人；中津，尉、丞各一人；下津，尉一人。每津又有典作一人、津长四人。其中诸津在京兆、河南界者隶属都水监，在外者隶属各州。唐朝每津改置令一人，正九品上，丞一人，从九品下。他们掌管各津济渡、舟船、桥梁之事。[①]

四、辽宋金元时期的水政管理机构

辽宋金元时期，各政权割据一方，其官僚体制不尽相同，它们的水政管理机构也不同。大体来说，宋、元两朝的水政管理承袭了前代的制度，相对完善，管理效果也较为突出。

（一）辽金时期的水政管理机构

辽金两朝的水政管理机构主要是都水监和司农寺（司），由于辽朝都水监和司农寺的资料较

---

① 李林甫，等. 唐六典·卷 7. 北京：中华书局，1992：598-600.

少，现只述金朝的水政管理机构都水监和劝农使司、司农司。

都水监，掌管川泽、津梁、舟楫、河渠之事。设有监，正四品，少监，从五品，丞二员，正七品，掾，正八品。城市之中还设有街道司，掌管洒扫街道、修治沟渠。

地方有都巡河官，从七品，掌巡视河道、修完堤堰、栽植榆柳、凡河防之事。泸沟、崇福上下埽设都巡河兼石桥使，通济河设节巡官兼建春宫地分河道。各个都巡河官，管理提控诸埽巡河官和散巡河官。都巡河官的设置如下：

黄汴都巡河官，下六处河阴、雄武、荥泽、原武、阳武、延津各设散巡河官一员。黄沁都巡河官，下四处怀州、孟津、孟州、城北各设黄沁散巡河官各一员。卫南都巡河官，下四处崇福上、崇福下、卫南、淇上，散巡河官各一员。滑浚都巡河官，下四处武城、白马、书城、教城散巡河官各一员。曹甸都巡河官，下四处东明、西佳、孟华、凌城散巡河官各一员。曹济都巡河官，下四处定陶、济北、寒山、金山散巡河官各员。另外，南京延津渡河桥官，兼有监察职能，有管勾一员，同管勾一员，掌桥船渡口监察、给受本桥诸物等事。

劝农使司，掌劝课天下力田之事，也掌管农田水利。金朝初年设置，泰和八年（1208 年）罢，贞祐间复置，其官员有劝农使一员，正三品，副使一员，正五品。兴定六年（1222 年）罢劝农司，改立司农司。司农司的官员有：大司农一员，正二品；卿三员，正四品；少卿三员，正五品；知事二员，正七品。兴定六年，陕西、河南三路设置行司农司，设官五员。正大元年（1224 年），归德、许州、河南、陕西各置行司农司，设官三员，卿一员，正四品，少卿一员，正五品，丞一员，正六品。

（二）宋朝的水政管理机构

宋朝的水政管理机构经过了复杂的演变过程，《宋会要》记载："水部判司事一人，以无职事朝官充。凡川渎、陂池、沟洫河渠之政，国朝初隶三司河渠案，后领于水监，本司无所掌"[①] 也就是说，宋初由三司河渠案掌管，后来才由都水监、水部掌管。另外，司农寺、河渠司、沟河司也负责部分水利事宜。

1. 三司河渠案

宋朝制度继承了唐朝的三省六部制，但是，此时的中书、门下、尚书三省形同虚设。代之而起的是中书门下和枢密院，两者分掌政、军大权，后来有设立三司（盐铁、度支和户部）掌

---

① ［清］徐松 . 宋会要辑稿 . 影印本 . 北京：中华书局，1957：2723.

管财政。

宋朝初期，水政由三司之中的河渠案进行管理。三司长官为三司使，设有一人，掌管邦国财用之大计，总盐铁、度支、户部之事，以经天下财赋而均其出入。三司之中，盐铁掌天下山泽之货，关市、河渠、军器之事，以资邦国之用，下设七案：兵、胄、商税、都盐、茶、铁、河渠等。度支，掌天下财赋之数，每岁均其有无，制其出入，以计邦国之用，下面设八案：赏给、钱帛、粮科、常平、发运、骑、斛斗、百官等。户部，掌天下户口、税赋之籍，榷酒、工作、衣储之事，以供邦国之用，下设五案：户税、上供、修造、曲、衣粮等。

2. 工部之水部

宋朝工部，"掌天下城郭、宫室、舟车、器械、符印、钱币、山泽、苑囿、河渠之政。凡营缮，岁计所用财物，关度支和市；其工料，则饬少府、将作监检计其所用多寡之数。凡百工，其役有程，而善否则有赏罚。兵匠有阙，则随以缓急招募。籍坑冶岁入之数。若改用钱宝，先具模制进御请书，造度、量、权、衡则关金部。印记则关礼部。凡道路、津梁，以时修治"[①]。

工部下设三个部门：屯田、虞部、水部。其中，屯田掌管屯田、营田、职田、学田、官庄之政令；虞部掌管山泽、苑囿、场冶之事；水部掌管沟洫、津梁、舟楫、漕运之事。

工部设有尚书、侍郎各一人，工部、屯田、虞部、水部郎中、员外郎各一人。元祐元年（1086 年），省水部郎官一人。绍圣元年（1094 年），诏屯田、虞部互置郎官一员兼领。

水部在宋朝初年设有判司事一人，没有实权，元丰改制后，水部员外郎才开始掌管水政事务。"凡水之政令，若江淮河渎汴洛堤防决溢，疏导壅底之约束，以时检行而计度其岁用之物。修治固不如法者，有罚；即因其规画措置能为民利则赏之。"[②] 水部原分案六，置吏十三人，后来不断减少吏员，共有三十三人。

3. 河渠司、都水监

皇祐三年（1051 年），置河渠司，"专提举黄汴等河堤功料事"，河渠司行政长官李仲昌居宰相位，机构级别与三司同。"至和二年十二月以殿中承李仲昌都大提举河渠司，以仲昌知水利之害，特任之也"。置河渠司后，黄河、汴河工料组织仍出现问题。[③]

嘉祐三年（1058 年）废置河渠司，设都水监，有判监事一人，以员外郎以上充任；同判监事

---

① ［元］脱脱，等．宋史·卷 163．北京：中华书局，1977．

② ［清］徐松．宋会要辑稿．影印本．北京：中华书局，1957：2723．

③ 谭徐明．中国古代水行政管理的研究．郑州：黄河水利出版社，2006．

一人，以朝官以上充任；丞二人，主簿一人，并以京朝官充任。同时轮流派遣监丞一人出外治理河堤，每次出巡一年或两年，而那些熟知水政的官员可以出巡三年。都水监还在澶州设立办事机构，号称外监。

元丰改制后，都水监的官员设置有所变化，设有使者一人，丞二人，主簿一人。使者掌管中外川泽、河渠、津梁、堤堰疏凿浚治之事，"凡治水之法，以防止水，以沟荡水，以浍写水，以陂池潴水。凡江、河、淮、海所经郡邑，皆颁其禁令。视汴、洛水势涨涸增损而调节之。凡河防谨其法禁，岁计茭捷之数，前期储积，以时颁用，各随其所治地而任其责。兴役以后月至十月止，民功则随其先后毋过一月。若导水溉田及疏治壅积为民利者，定其赏罚。凡修堤岸、植榆柳，则视其勤惰多寡以为殿最"[1]。南、北外都水丞各设有一人，都提举官八人，监埽官一百三十五人，皆分职位行事。

都水监分七案，有吏员三十七人。所隶有街道司，掌辖治道路人兵，如果皇帝的车驾行幸，则要提前修治，若有积水则疏导。都水监的官员时设时罢，终于在南宋绍兴十年（1140年），朝廷将都水事归于工部，不复置官。

4. 其他水政机构

除了以上水政管理机构外，司农寺、河堤使等也具有管理水政的职责。

宋代九寺诸监仍被保留，宋神宗以前司农寺并无职权。熙宁三年（1070年），宋神宗下诏司农寺主管天下常平、广惠仓以及农田水利差役等事，具体政务是每年奏报仓储存钱、贷款、农田水利等。关于农田水利需奏报的内容有："天下水利兴修过若干处；役过若干人功，若干兵功，若干民功；淤溉到田若干顷亩，增到税赋若干数目；天下农田开辟到若干生荒地，增到若干赋税，天下差役更改过若干事件，宽减得若干民力"。

宋初乾德五年（967年），宋太祖下诏开封、大名府、郓、澶、滑、孟、濮、齐、淄、沧、棣、滨、德、怀、卫、郑等州长吏，并兼本州河堤使。五年后宋太祖又规定开封等沿河17州府，各置河堤判官1名，以本州通判兼任。[2]

（三）元朝的水政管理机构

《元史》记载："元有天下，内立都水监，外设各处河渠司，以兴举水利、修理河堤为务。"[3] 由

---

[1] [元] 脱脱，等. 宋史·卷165. 北京：中华书局，1977.

[2] 谭徐明. 中国古代水行政管理的研究. 郑州：黄河水利出版社，2006.

[3] [明] 宋濂. 元史·卷64. 北京：中华书局，1976：236.

此可见，元朝的水政管理机构在朝廷则有都水监，在地方则有各河渠司，它们共同管理着国家的水利事业。

1. 都水监、河渠司

都水监，设置于至元二十八年（1291年），二十九年，领河道提举司。都水监官秩从三品，掌管河渠并堤防、水利、桥梁、闸堰之事。设有都水监二员，从三品；少监一员，正五品；监丞二员，正六品；经历、知事各一员，令史十人，蒙古必阇赤一人，回回令史一人，通事、知印各一人，奏差十人，壕寨十六人，典吏二人。大德六年（1302年），都水监的官秩升正三品。延祐七年（1320年），又改为从三品。

除了中央的都水监之外，元朝在地方还设立了都水监、行都水监和河渠司。如至正六年（1346年），因为黄河连年为患，在河南、山东设立了都水监，称为河南山东都水监，专门负责修治堤坝，防止黄河水患。行都水监设置于至元十四年（1277年），兼行漕运司，至大元年（1308年）罢除。至正八年（1348年）二月，黄河为患，元朝在济宁郓城立行都水监。至正九年，又在山东、河南等处设立行都水监。至正十一年十二月，设立河防提举司，隶属于行都水监，掌巡视河道，从五品。至正十二年正月，行都水监添设判官二员。至正十六年正月，又添设少监、监丞、知事各一员。此外，在大都设立河道提举司，掌管漕河，秩从五品。官员有提举一员，从五品；同提举一员，从六品；副提举一员，从七品。地方各路、州设河渠司，但品秩不同，如成都路、沙州路、兴元路、永昌西凉府河渠有达鲁花赤、大使，俱从五品，无为州河渠司、安西路河渠营田司副使俱正七品。

2. 都水庸田使司和都总制庸田使司

都水庸田使司和都总制庸田使司等掌管农业的机构也具有管理水利的责任。都水庸田使司，于泰定二年（1325年）设置于松江，掌江南水利，后来被罢除。至元二年（1265年）正月，又在平江置都水庸田使司，既而罢之。至元五年，重新恢复。至正十二年（1352年），因海运不通，京师缺粮，皇帝下诏在河南洼下水泊之地，置屯田八处，又在汴梁添立都水庸田使司，正三品，掌种植稻田之事。都水庸田使司的官员有：庸田使二员，副使二员，佥事二员。首领官：经历、知事、照磨各一员，司吏十二人，译史二人。

都总制庸田使司，至正十年（1350年），朝廷在河南江北等处设都总制庸田使司。定置都总制庸田使二员，从二品；副使二员，从三品；佥司六员，从四品。其首领官有：经历二员，从六品；都事二员，从七品；照磨兼管勾承发架阁一员，从八品；蒙古必阇赤、回回令史、怯里马赤、知印各一人，令史十八人，宣使十八人，壕寨十八人，典吏四人。都总制庸田使司的下设机构则有：军民屯田总管府，凡五处，置达鲁花赤各一员，从三品；总管各一员，正五品；同知各一员，正六品；府判各一员，从七品。首领官：经历各一员，从八品；知事各一员，从九品；提控案牍兼管勾承发架阁各一员，蒙古译史各一人，司吏各六人，典吏各二人。又有农政司，置农政一员，正五品；农丞一员，正六品；提控一员，司吏二人。又有丰盈库，置提领一员，正八品；大使、副使各一员，正九品。

3. 司农司

至元七年（1270年），元朝立司农司，掌管农桑、水利、学校、饥荒之事。是年，又改司农司为大司农司，添设巡行劝农使、副使各四员。十四年罢除，以按察司兼领劝农事。十八年，改立农政院，置官六员。二十年，又改立务农司，秩从三品，置达鲁花赤一员、务农使一员、同知二员。同年，又改农寺，达鲁花赤一员，司农卿二员，司丞一员。二十三年，改为大司农司，秩仍正二品。大德元年（1297年），增领大司农事一员。皇庆二年（1313年），升从一品，增大司农一员。定置大司农四员，从一品；大司农卿二员，正二品；少卿二员，从二品；大司农丞二员，从三品；经历一员，从五品；都事二员，从七品；架阁库管勾一员，照磨一员，并正八品；掾史十二人，蒙古必阇赤二人，回回掾史一人，知印二人，通事一人，宣使八人，典吏五。

元朝在全国各地设置分司农司、行大司农司、大兵农司、大都督兵农司等，其具体情况如下：

分司农司：至正十三年（1353年），命中书右丞悟良合台、左丞乌古孙良桢兼大司农卿，给分司农司印。西自西山，南至保定、河间，北至檀州、顺州，东至迁民镇，凡系官地及各处屯田，都归司农分司募民佃种。

行大司农司：至元二十九年（1282年），升江淮行大司农司，秩正一品，设营田司六员，秩正四品。

大兵农司：至正十五年（1355年），朝廷下诏有水田的地方，置大兵农司，招诱夫丁，有事则乘机招讨，无事则栽植播种。当时共设有四个大兵农司，即：保定等处大兵农使司、河间等处大兵农使司、武清等处大兵农使司和景蓟等处大兵农使司。每个兵农使司有兵农千户所、百户所、镇抚司等机构。

大都督兵农司：至正十九年（1359年）在西京设置大都督兵农司，以孛罗帖木儿领之，又置分司十道，掌屯种之事。

五、明清时期的水政管理机构

明清时期，中央六部的权力增大，其中工部作为掌管全国营建工程的部门，成为全国水政管理的最主要机构。在地方，除了固定的管理之外，朝廷还时常派中央官员到地方巡视，加大了对水政的管理力度，中国的水政管理制度也发展到顶峰。

（一）明朝的水政管理机构

明太祖朱元璋建立明朝后，废除丞相制度，将权力归于六部，清朝沿袭明朝制度，稍有改变。在水利管理机构方面，两朝都是由工部中的水部进行管理。

明朝工部掌管天下百工营作、山泽采捕、窑冶、屯种、榷税、河渠、织造之政令。设置尚书一人，正二品，左、右侍郎各一人，正三品。其下属的机构为司务厅，设有司务二人，从九品。

工部下设营缮、虞衡、都水、屯田四个清吏司，每个清吏司各设有郎中一人，正五品，（后增设都水司郎四人）；员外郎一人，从五品，（后增设营膳司员外郎二人，虞衡司员外郎一人）；主事二人，正六品，（后增设都水司主事五人，营膳司主事三人，虞衡司主事二人，屯田司主事一人）。

营缮清吏司掌管经营兴作之事，虞衡清吏司掌管山泽采捕、陶冶之事，屯田清吏司掌管屯种、抽分、薪炭、夫役、坟茔之事，而都水清吏司则掌管川泽、陂池、桥道、舟车、织造、券契、量衡之事。其关于水利方面的职责为"岁储其金石、竹木、卷埽，以时修其闸坝、洪浅、堰圩、堤防，谨蓄泄以备旱潦，无使坏田庐、坟隧、禾稼。舟楫、砲碾者不得与灌田争利，灌田者不得与转漕争利。凡诸水要会，遣京朝官专理，以督有司。役民必以农隙，不能至农隙，则僝功成之。凡道路、津梁，时其葺治"[①]。

地方的水利管理则主要由地方官负责，此外，朝廷还派专员前去管理，主事、郎中、都御史、巡抚、按察司、屯田官等官员都可以进行水利管理。如弘治八年（1495年），设主事或郎中一员专管浙西七府水利。正德九年（1514年），设郎中一员，专管苏松等府水利。正德十二年（1517年），朝廷派遣都御史一员，专管苏松等七府水利。正德十六年（1521年），朝廷遣工部尚书一员、巡抚应天等府地方，兴修苏松等七府水利。嘉靖十三年（1534年），朝廷令各处按察司、屯田官兼管水利。嘉靖四十五年（1566年），准许东南水利不必专设御史，令两浙巡盐御史兼管。万历三年

---

① ［清］张廷玉.明史·卷72.北京：中华书局，1974.

（1575年），令巡江御史督理江南水利。

明朝时为加强黄河治理，还派专人总理河道。黄河在唐朝以前从山东北部入海，宋朝熙宁年间，分为两道，南道合泗水入淮，北道合济水入海。金朝明昌时期，黄河北流断绝，全部入淮。从此之后，黄海水害不断，常常淹没千里。明朝前期，河南、山东、安徽等地连续遭受水患，农业生产遭到破坏，大量灾民流连失所。而且，黄河之水还灌入运河，影响了漕运的正常运行。明朝廷投入大量的人力、物力和财力治理黄河，但是黄河流经十余个省份，单靠一省之力根本无法解决。后来，采取了联省治河的方式。但是联省治河，又出现了各省巡抚不能相互合作的问题。在此情况下，明朝廷只得从朝廷派遣大员前往，统一指挥调度各省的力量治理黄河。永乐九年（1411年），明成祖派尚书宋礼开河，刑部侍郎金纯，都督周长等随同开河，自后间遣侍郎、都御史。永乐十五年（1417年）设漕运总兵官，以平江伯陈瑄治漕，总管漕运和河道事务，驻淮安。成化七年（1471年），明英宗任命王恕为工部侍郎，总理河道。弘治三年（1490年），明孝宗命白昂为户部侍郎，修治河道。嘉靖二十年（1533年），以都御史加工部职衔，提督河南、山东、直隶河道。隆庆四年（1570年）加提督军务。万历五年改总理河漕提督军务，万历八年（1580年）废。万历三十年（1602年），朝廷将河、漕再次分职，此后直至明亡再未复合。

总理河道任上，做出突出贡献的是潘季驯，他先后四次担任总理河道，治理黄河十二年之久。他在长期治水过程中积累了丰富的经验，根据黄河泥沙量大的特点，提出了"筑堤束水，以水攻沙"的治河方案。他十分重视堤防的作用，创造性地把堤防工程分为遥堤、缕堤、格堤、月堤四种，因地制宜地在大河两岸周密布置，配合运用，并强调四防（昼防、夜防、风防、雨防）二守（官守、民守）的修防法规，进一步完善修守制度。他第三次总理河道后，经过整治的黄河十多年未发生大的决堤。在第四次总理河道时，又大筑黄河下游三省长堤，把黄河两岸的大堤全都连接起来，河道基本趋于稳定，河患显著减少，扭转了河道忽东忽西没有定向的混乱局面。[①]

（二）清朝的水政管理机构

清朝工部设置尚书、左侍郎、右侍郎，满族、汉族各一人。其属有：堂主事，清档房满洲三人，汉本房满洲、汉军各一人，司务厅，司务，满族、汉族各一人。缮本笔帖式，宗室一人，满

---

① 孙果清．潘季驯与《河防一览图》．地图，2007（5）．

洲十人。

工部下设营缮、虞衡、都水、屯田四个清吏司。营缮司掌营建工作，凡坛庙、宫府、城郭、仓库、廨宇、营房，鸠工会材，并典领工籍，勾检木税、苇税。虞衡司掌山泽采捕，陶冶器用。凡军装军火，各按营额例价，计会核销，京营则给部制。颁权量程式，办东珠等差。都水司掌河渠舟航，道路关梁，公私水事。岁十有二月，伐冰纳窖，仲夏颁之；并典坛庙殿廷器用。屯田司掌修陵寝大工，辨王、公、百官坟茔制度。①

四个清吏司的官员有：郎中、员外郎、主事、笔帖式。其中，营缮清吏司有：郎中六人，分别是满人四人、蒙古一人、汉人一人；员外郎六人，分别是满人四人、蒙古一人、汉人一人；主事五人，分别是满人二人、蒙古一人、汉人二人；另有笔帖式若干人。屯田清吏司有：郎中五人，分别是宗室一人、满人三人、汉人一人；员外郎四人，分别是满人三人、汉人一人；主事五人，分别是宗室一人、满人二人、汉人二人；另有笔帖式若干人。都水清吏司有：郎中六人，分别是满人五人、汉人一人；员外郎六人，分别是满人五人、汉人一人；主事六人，分别是满人四人、汉二人；另有笔帖式若干人。虞衡清吏司有：郎中五人，分别是满人四人、汉人一人；员外郎六人，分别是宗室一人、满人四人、汉人一人；主事四人，分别是满人三人、汉人一人；另有笔帖式若干。四个清吏司的笔帖式总人数为九十八人，其中宗室一人，满人八十五人，蒙古二人，汉人十人。

清朝设河道总督，"掌治河渠，以时疏浚堤防，综其政令"。顺治元年（1644 年），设立总河，驻守济宁。康熙十六年（1677 年），移驻清江浦，二十七年，还驻济宁，四十四年，兼理山东河道。雍正二年（1724 年），设置副总河，驻武涉，专理北河。七年，改总河为总督江南河道，驻清江浦，副总河为总督河南山东河道，驻济宁，分管南北两河。八年，增置直隶正、副总河，为河道水利总督，驻天津。自此之后，河道总督分为江南河道总督（简称南河）、河东河道总督（简称东河）、直隶河道总督（简称北河）。九年，置北河副总河，驻固安，并置东河副总河，移南河副总河驻徐州。十二年，移东河总督驻兖州。乾隆二年（1737 年），裁撤副总河，十四年，裁撤直隶河道总督，由直隶总督兼任，成为定制。黄河改道后，咸丰八年（1858 年），裁撤南河河道总督。光绪二十四年（1898 年），裁撤东河河道总督，不久复置，二十八年又裁撤，从此之后河务再无专门官员进行管理。②

---

① ［民国］赵尔巽. 清史稿·卷 114. 北京：中华书局，1977.

② ［民国］赵尔巽. 清史稿·卷 116. 北京：中华书局，1977.

河督下辖专理和兼理河务的道员：专理河务的道员，包括河库道及诸河道。河道有江南淮扬道、淮徐道，山东运河道、直隶永定道；山东、河南、直隶另有兼理河务的道员。其下又有专理河务的同知、通判、州同、州判，兼理的知县、县丞、主簿、巡检、吏目、典史等。还有管理水闸的未入流的闸官。武官方面，河道总督属下有河标，与漕运总督下辖的漕标一样，河标为河道总督直属，不属于地方各省的督抚、提督各标。河标有副将、游击、都司、守备、管理塘务、千总、把总等武官。河道总督另统属河营，江南、河南、山东、直隶都有河营，有参将、游击、守备、千总、把总等武官，掌管河工调遣、守汛防险。

河道总督的职责主要有维护管理漕运经行的大运河的河道及与之密切相关的黄河、淮河水系的防治保证河运的通畅；加固维护沿岸堤防，防止灾害的发生；在灾害发生时，抗洪抢险，修复河道。由于河督是河患的责任者，所以他必须协助地方赈济灾民。另外，河督设置的很大目的是保障漕运，所以他经常协助漕运总督催促漕船。按清朝的惯例，驻于地方的官员常常参与协助中央派下的钦差处理一些地方上的大案，河道总督也不例外，他职责所在有管理下属的之任，所以河督还有一部分司法功能。河督统有称之为"河标"的军队，有义务维护地方的治安，参与"剿寇"的行动。许多河道总督还会设立祠庙祭祀河神，所以河督又有祭祀的职能。

河道总督府

综上所述，中国古代的水政管理体制经过了漫长的发展过程，到明清时期趋于完备。这些水政管理机构的设置对发展水利事业、防洪抗旱起了重要的作用，有许多经验仍然值得借鉴。

第二节 水利法规和制度

中国古代不仅有完善的水政管理机构，而且也有完备的水利法规和制度。春秋时期，就有"无曲防"的条约规定，汉朝有倪宽制定的水令。隋唐之后，水利管理制度逐渐成形，唐朝的《水部式》、金朝的《河防令》、明朝的《水规》等都是要遵循的水利规范。这些制度的制定和实行有效地保证了当时治水工程的顺利进行，对保护农业生产和国家稳定发挥了重要作用。

一、倪宽和召信臣的水利法规

倪宽（？—公元前 103 年）字仲文，千乘（今山东广饶县）人。历仕廷尉、掾举侍御史、中大夫、左内史、御史大夫等职。

倪宽幼年聪颖，但是家中贫困，上不起学，于是倪宽在下地干活的时候带着经书，一旦有休息的机会，就开始读书。倪宽后来受到欧阳生和孔安国的指导，学问大进，尤其对《尚书》有很深的研究，被选为郡国博士。倪宽通过射策，做了掌故，又补廷尉文学卒史。当时张汤为廷尉，他上奏给汉武帝的奏章好几次都被驳回。最后，倪宽为张汤写了奏章，结果汉武帝看后大悦。元狩三年（公元前 120 年），张汤升为御史大夫，推荐倪宽为侍御史，后又升为中大夫。

元鼎四年（公元前 113 年）倪宽升为"左内史"，相当于后来的京兆尹，负责治理京城长安所在的关中地区民政。倪宽在任期间，以儒家道德教化民众，采取措施奖励农业、缓刑罚，清理狱讼，选用仁厚之士，体察民情，做事讲究实事求是，不务虚名。因此，深得关中地区民众拥戴。关中地区，秦时郑国在此地修建了郑国渠，两岸农民深得灌溉之利，土地肥沃，农业生产十分发达，成为当时重要的赋税收入来源。但是，郑国渠上游南岸的高卬之田得不到灌溉，仍然非常干旱。倪宽看到这种情况后，要求开凿其他渠道以灌溉这些地区，得到了汉武帝的同意。于是，倪宽征发民工，在郑国渠上修筑了六条渠道，这就是六辅渠。当地农田很多但水渠较少，为了避免纠纷，合理用水，倪宽"定水令，以广溉田"，他制定了用水制度，扩大了灌溉面积。倪宽制定水令是中国水利管理的重要进步，在中国水利史上占有重要地位。

召信臣，字翁卿，九江郡寿春（今安徽寿县）人。召信臣以明经甲科出身任职郎中，后历任谷阳长、上蔡长、零陵太守、南阳太守等职。召信臣为政爱民，重视发展农业生产。他经常深入乡村，鼓励农民发展生产。出入田间，有时就在野外休息，难得有安居之时。他巡视郡中各处水泉，组织开挖渠道，兴建了几十处水门堤堰，灌溉面积多达 3 万顷。百姓因之富足，户户有存粮。召信臣还大力提倡勤俭办理婚丧嫁娶，明禁铺张浪费。对于那些游手好闲、不务农作的府县官员和富家子弟，则严加约束，使南阳郡社会风气好转，人人勤于农耕。以前流亡在外的百姓纷纷回乡，户口倍增。由于召信臣的治理，当地盗贼绝迹，讼案也几乎没有。郡中百姓对召信巨非常爱戴，称召信臣为"召父"。

召信臣兴修的水利工程主要有六门埝、钳卢陂、马渡堰等。六门埝在今河南省邓县城西，又名六门堰、六门陂，召信臣于西汉建昭五年（公元前 34 年）兴建。六门埝原来设有三个水门引水，后又增加了三个，所以称为六门埝。水门引出的水分别汇成 29 个陂塘，灌溉了邓县、新野、涅阳三县的土地。钳卢陂在邓县以南 60 里，马渡堰在南阳城东，两个水利工程亦灌溉了大量田地，促进了当地的农业生产。①

召信臣在兴修水利的同时，还制定了水利制度，《汉书·召信臣传》记载："信臣为民作均水约束，刻石立于田畔，以防分争。"也就是说，召信臣制定了"均水约束"法，严格规定用水的多少，力图使当地的百姓能够均匀用水，防止出现纷争。召信臣还将此法刻成碑立在田间，让百姓遵守。

二、唐朝《水部式》

《水部式》是我国第一部由中央政府颁布的水利法规。唐代的法律分为律、令、格、式四大类，式是政府各部门和各级官员的常守之法。唐朝六部之一的工部下设有水部，掌管全国的水利，《水部式》就是由水部颁布的法规。

《水部式》原本早已佚失，在以后的典籍中存有只言片语的记载。后来在敦煌千佛洞内发现的敦煌文书中找到了《水部式》的写本，但是写本被法国人伯希和盗走，现藏于法国巴黎国立图书馆。民国初年，罗振玉从法国影印回来，收入《鸣沙石室佚书》中。现存的《水部式》残卷大约是唐朝开元二十五年（737 年）的修订本，共 2600 多字，内容丰富，涉及面广，现录其全文如下②：

泾渭白渠及诸大渠用水灌溉之处，皆安斗门，并须累石及安木傍壁，仰使牢固，

① 顾浩.中国治水史鉴.北京：中国水利水电出版社，2006：131.
② 王永兴.敦煌写本唐开元水部式校释.南昌：江西人民出版社，1993：283-290.

不得当渠造堰。诸溉灌大渠有水下地高者，不得当渠造堰，听于上流势高之处为斗门引取。其斗门皆须州县官司检行安置，不得私造。其傍支渠有地高水下须临时楚堰溉灌者，听之。

凡浇田，皆仰预知顷亩依次取用。水遍即令闭塞，务使均普，不得偏并。诸渠长及斗门长，至浇田之时，专知节水多少。其州县每年各差一官检校。长官及都水官司时加巡察。若用水得所，田畴丰殖，及用水不平并虚弃水利者，年终录为功过，附考。

京兆府高陵县界清、白二渠交口著斗门堰，清水，恒准水为五分，三分入中白渠，二分入清渠。若水两过多，即与上下用水处相知开放，还入清水。二月一日以前八月卅日以后，亦任开放。

泾、渭二水大白渠，每年京兆少尹一人检校。其二水口大斗门，至浇田之时，须有开下。放水多少，委当界县官共专当官司相知，量事开闭。

泾水南白渠中白渠。南渠水口初分，欲入中白渠偶南渠处，各著斗门堰，南白渠水，1尺以上2尺以下入中白渠及偶南渠。若水两过多，放还本渠，其南北白渠，雨水汛涨，旧有泄水处。令水次州县相知检校疏决，勿使损田。

龙首泾堰，五门六门升原等堰，令随近县官专知检校，仍堰别各于州县差中男廿人匠十二人分番看守，开阖节水。所有损坏，随即修理，如破多人少，任县申州，差夫相助。

蓝田新开渠，每斗门置长一人，有水槽处置二人，恒令巡行。若渠堰破坏，即用随近人修理。公私材木并听运下。百姓须溉田处，令造斗门节用，勿令废运。其蓝田以东先有水砲者，仰砲主作节水斗门，使通水过。

合璧宫旧渠深处，量置斗门节水，使得平满。听百姓以次取用，仍量置渠长斗门长检校。若溉灌周遍，今依旧流，不得因兹弃水。

河西诸州用水溉田，其州县府镇官人公廨田及职田，计营顷亩，共百姓均出人功，同修渠堰。若田多水少，亦准百姓量减少营。

扬州扬子津斗门2所，宜于所管三府兵及轻疾内量差，分番守当，随须开闭。若有毁坏，便令两处并功修理。从中桥以下洛水内及城外在侧，不得造浮砲及捺堰。

洛水中桥、天津桥等，每令桥南北捉街卫士洒扫。所有穿穴，随即陪填，仍令巡街郎将等检校，勿使非理破损。若水涨，令县家检校。诸水碾硙若拥水质泥塞渠，不自疏导，致令水溢渠坏于公私有妨者，碾硙即令毁破。

同州河西县灉水，正月一日以后七月卅日以前，听百姓用水，仍令分水入通灵陂。

诸州运船向北太仓从子苑内过者，若经宿，船别留一两人看守，余并辟出。

沙州用水浇田，令县官检校，仍置前官4人，三月以后，九月以前行水时，前官各借官马一匹。

会宁关有船伍拾只，宜令所管差强丁官检校，著兵防守，勿令北岸停泊。自余缘河堪渡处，亦委所在州军严加提搦。

沧瀛贝莫登莱海泗魏德等十州共差水手五千四百人，三千四百人海运，二千人平河，宜二年与替，不更给勋赐。仍折免将役年及正役年课役，兼准屯丁例，每夫一年各帖一丁。其丁取免杂徭人家道稍殷有者，人出一千五百文资助。

胜州转运水手一百廿人，均出晋、绛两州，取勋官充，不足兼取白丁，并二年与替。其勋官每年赐勋一转，赐绢三匹布三端，以当州应入京钱物充。其白丁充者，应免课役及资助，并准海运水手例。不愿代者听之。

河阳桥置水手二百五十入，陕州大阳桥置水手二百人，仍各置竹木匠十人，在水手数内。其河阳桥水手于河阳县取一百人，余出河清、济源、偃师、氾水、巩温等县。其大阳桥水手出当州，并于八等以下户取白丁灼然解水者，分为四番，并免课役，不在征防杂抽使役及简点之限。一补以后，非身死遭忧不得辄替。如不存检校致有损坏，所由官与下考，水手决州。

安东都里镇防人粮，令莱州召取当州经渡海得勋人谙知风水者，置海师二人拖师四人，隶蓬莱镇。令候风调海晏，并运镇粮同京上勋官例，年满听选。

桂、广二府铸钱及岭南诸州庸调并和市折租等物，递至扬州讫，令扬州差纲部领送都，应须运脚，于所送物内取充。

诸灌溉小渠上，先有碾部，其水以下即弃者，每年八月卅日以后正月一日以前听动用。自余之月，仰所管官司于用硙斗门下著锁封印，仍去却硙石，先尽百姓溉灌。若天雨水足，不须浇田，任听动用。其傍渠疑有偷水之硙，亦准此断塞。

都水监三津各配守桥丁卅人，于白丁中男内取灼然便水者充。分为四番上下，仍不在简点及杂徭之限。五月一日以后九月半以前，不得去家十里。每水大涨即追赴桥。如能接得公私材木栿等，依令分赏。三津仍各配木匠八人，四番上下。若破坏多，当桥丁匠不足，三桥通役。如又不足，仰本县长官量差役，事了日停。

都水监渔师二百五十人，其中长上十人，随驾京都。短番一百廿人，出虢州，明资一百廿人，出房州。各为分四番上下，每番送卅人，并取白丁及杂色人五等已下户充，并简善采捕者为之，免其课役及杂徭。本司杂户官户并令教习，年满廿补替渔师，其应上人，限每月卅日文牒并身到所由。其尚食典膳祠祭中书门下所须鱼，并都水采供。诸陵各所管县供。余应给鱼处及冬藏，度支每年支钱二百贯送都水监，量依时价给直，仍随季具破除见在，申比部勾覆，年终录申所司计会。如有回钱，人来年支数。

（中缺）虽非采木限内，亦听送运。即虽在运木限内，木运已了及水大有余，灌溉须水，亦听兼用。

京兆府灞桥、河南府永济桥，差应上勋官并兵部散官，季别一人，折番检校。仍取当县残疾及中男分番守当。灞桥番别五人，永济桥番别二人。

诸州贮官船之处，须鱼膏供用者，量须多少役当处防人采取，无防人之处，通役杂职。

皇城内沟渠拥塞停水之处及道损坏，皆令当处诸司修理。其桥将作修造。十字街侧，令铺卫士修理。其京城内及罗郭墙各依地分，当坊修理，河阳桥每年所须竹索，令宣常洪三州役丁匠预造，宣洪州各大索廿条，常州小索一千二百条，脚以官物充，仍差纲部送，量程发遣，使及期限，大阳、蒲津桥竹索，每三年一度，令司竹监给竹役津家水手造充。其旧索每委所由检覆，如斟量牢好，即且用，不得浪有毁换。其供桥杂匠，料须多少，预甲所司量配，先取近桥人充。若无巧手，听以次差配，依番追上。若须并使亦任津司与管匠州相知，量事折番随须追役。如当年无役，准式征课。

诸浮桥脚船皆预备半副，自余调度预备一副随缺代换。河阳桥船于潭洪二州役丁匠造送，大阳。蒲津桥船，于岚石隰胜慈等州折丁采木浮送桥所，役匠造供。若桥所见匠不充，亦申所司量配，自余供桥调度并杂物一事以上，仰以当桥所换不任用物回易便充。若用不足即预申省，与桥侧州县相知，量以官物充。每年出入破用，录申所司勾当。其有侧近可采造者，役水手镇兵杂匠等造贮，随须给用，必使预为支拟，不得临时缺事。

诸置浮桥处，每年十月以后□牡开解，合□抽正解合，所须人夫，采运榆条造石笼及绳索等杂使者，皆先役当津水手及所配兵，若不足，兼以镇兵及桥侧州县人夫充。即桥在两州两县间者，亦于两州两县准户均差，仍与津司相知，料须多少，使得济事，役各不得过十日。

蒲津桥水匠十五人。虔州大江水赣石险难□□□给水匠十五人。并于本州取白丁便水及解木作者充，分为四番上下，免其课役。须祂

孝义桥所须竹篾，配宣饶等州造送，应□□塞系篾，船别给水手一人，分为四番。其洛水□□竹篾，取河阳桥故退者充。（后残）

《水部式》的内容十分丰富，包含了水利设置的管理、管理机构和人员的设置、航运工具的存放和维修、水利人员的安排、桥梁的管理等，还特别提到了要节约用水，这与我们现在提倡节约用水是一致的。《水部式》作为最早的水利律法，它的颁布和实施对唐代农业生产的发展具有重要的历史意义。

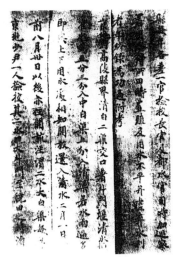

《水部式》影印图

三、北宋《农田水利约束》

《农田水利约束》，又名《农田利害条约》，是由北宋政治家王安石颁布施行的。宋神宗即位后，为改变北宋积贫积弱的状态，任用王安石进行变法。其变法内容有青苗法、募役法、方田均税法、农田水利法、均输法、市易法、保甲法、将兵法、保马法、军器监法等。其中农田水利法作为富国之法，促进了当时的水利工程的修建和农业的发展。

王安石在颁布条约之前曾经派官员到全国考察各地的水利情况，还要求各地官员设置专门人员对水利工程进行勘察，然后上报中央。王安石根据上报的情况制定了《农田水利约束》，作为水利法律颁行全国。

《农田水利约束》的主要内容有：凡能提出有关土地耕种方法和某处有应兴建、恢复和扩建的农田水利者，核实后奖励，并交州县负责实施；各县要上报境内荒田面积，所在地点和开垦办法；

各县要上报应修浚的河流，应兴修或扩建的灌溉工程，并作出预算及施工安排，河流涉及几个州县的，各县都要提出意见，报送主管官吏；各县应修的堤防、应开挖的排水沟渠要提出计划、预算和施工办法，报请上级复查后执行。

还有，各州县编造图册的人员不得借故向百姓索取贿赂；根据州县的报告，主管水利官员要和各路负责官员，提刑或转运使协商，复查核实后，委派县或州负责施工；关系几个州的大工程要经中央政权批准；工程太多、任务繁重的县，县官不胜任的要调走或设置辅助官吏。

王安石像

再有，私人垦田和私兴水利用费太多时可向官家贷款，州县也可劝谕富家借贷；凡出力出钱兴办水利者，按所费劳力和所获效益，给予奖励，或录用为官吏；所修水利不合规定的官吏要督促改正并罚款，罚款充作工程费；各县官吏兴修水利确有成效的，按成绩大小升赏，临时委派人员亦比照奖励。条约在实行过程中又增添了对官吏兴办水利的考核和赏罚等内容。[1]

农田水利法推行之后，全国的水利事业迅猛发展，出现了"四方争言农田水利，古陂废堰，悉务兴复"的局面。据统计，仅仅在1070～1076年的几年之中，全国兴修水利达1万多处，灌溉农田36万多顷，极大地促进了农业发展。

四、金朝《河防令》

《河防令》是金朝泰和二年（1202年）颁布的关于黄河和海河水系诸河的河防修守法令。《河防令》是在宋及宋以前防河法令的基础上编定的，是金朝《泰和律令》二十九种中的一种，共11条。原文已经散失，元朝沙克什所著的《河防通议》录有其文，但是经过删节。具体内容如下：

一、每岁选旧部官一员诣河上下，兼行户、工部事，督令分治都水监及京府州县守涨部夫官从实规措，修固堤岸。如所行事务有可久为例者，即关移本部。仍候安流，就便检覆次年春工物料讫，即行还职。

二、分治都水监官道勾当河防事务，并驰驿。

---

① 姚汉源.中国水利发展史.上海：上海人民出版社，2005：433.

三、州县提举管勾河防官，每六月一日至八月终，各轮一员守涨，九月一日还职。

四、沿河兼带河防州县官，虽非涨月，亦相轮上提控。

五、应沿河州县官，若规措有方，能御大患，及守护不谨，以致堤岸疏虞者，具以闻奏。

六、河桥埽兵遇天寿圣节及元日、清明、冬至、立春，各给假一日；祖父母、父母吉凶二事，并自身婚娶，各给假三日；妻子吉凶二事者，止给假二日；其河水平安月分，每月朔各给假一日。若河势危急，不用此令。

七、沿河州府遇防危急之际，若兵力不足，劝率于拟水手人户，协济救护。至有干济或难迭办，须合时暂差夫役者，州府提控官与都水监及巡河官同为计度，移下司县，以近远量数差遣。

八、河防军夫病疫须当医治者，都水监移文迤京州县，约量差取。所须用药物，并从官给。

九、河埽堤岸遇霖雨涨水作发暴变时，分都水监与都巡河官往来提控官兵，多方用心固护，无致为害，仍每月具河埽平安申覆尚书工部呈省。

十、除滹沱、漳、沁等河（以其各有埽兵守护），其余为害诸河，如有卧著冲刷危急等事，并仰所管官司约量差夫作急救护。其芦沟河行流去处，每遇泛涨，当该县官与崇福埽官司一同叶济固护，差官一员系监勾之职或提控巡检，每岁守涨。①

由上可知，《河防令》的主要内容是关于河防机构、河防工程、河防管理等方面的规定，它是目前所能见到的最早河防修守法令，在中国河防史上占有重要地位。

五、元朝《长安志图》

《长安志图》，元朝李好文撰。李好文，字惟中，东明人，元朝至治元年（1321 年）进士，官至光禄大夫，河南行省平章政事，致仕后，给翰林学士承旨一品禄。《长安志图》分上中下三卷，上卷为汉唐城市宫坊等图，以宋吕大防所跋之《长安城图》为蓝本，订正其疏讹。中卷为古迹陵墓图，以宋游师雄图为蓝本。下卷为《泾渠图说》，下卷中的洪堰制度、用水则例、设立屯田、建言利病等内容都涉及水利工程的维护和管理，是相对成熟的水利灌溉法规。其主要内容有：

---

① ［元］沙克什. 河防通议. 北京：中华书局，1985：6-7.

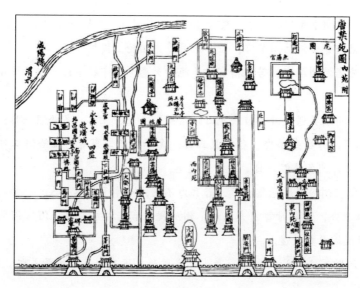

长安志图

渠首拦河溢流堰、洪堰，以及主要配水枢纽三限闸和平石（彭城）闸等主要建筑物的具体维修管理制度。洪堰为石困坝，设夫十人看管维护。灌溉季节，灌区各县各派官吏。人往配水枢纽，三限闸和平石闸，监管分水比例。平文渠和135座斗门，由巡监官及斗门子看管，并督促附近受益户随时修理渠道并防止偷水。放水时由"渠司"（管理机构）派员自上而下沿渠检查，每年停灌后及时修理。

每年七月停灌时由受益户分别疏浚相应渠段；八月、九月两月渠中维修渠系建筑物，受益各县按灌田面积派工，共出夫1600人。十月恢复放水，进行冬灌。

灌溉用水制度，规定各轮灌区的用水时间。过水量以"微"为单位。即于配水枢纽固定断面处，过水断面一平方尺为一微。一般一微水一昼夜可溉田八十亩。两配水枢纽量微处的水深变化，要逐日测定上报，渠司据以计算微数安排各渠用水时间和次序。灌区自下游依次至上游实行轮灌。各斗门子需先将本斗控制的田亩数和所种作物种类上报；由渠司计算所需水量，安排开斗和闭斗时刻，颁发用水凭证，按证用水，不许多浇或迟浇。

非经特别允许，禁止拦渠筑堰壅水；禁止砍伐渠道踊旁树木。如果违反用水制度及其他规定，除经处分外，严重的还要处以刑罚。①

---

① 姚汉源．中国水利发展史．上海：上海人民出版社，2005：436.

～～～～～～～～～～～～ 水与治国理政

《长安志图》记载了元朝泾渠水利建设的各个方面，包括堰坝的设置和维护、管理人员的配备、灌溉方式、水源分配、用水制度、保护措施以及处罚方式等，在我国古代水利建设史上占有比较重要的地位，对研究元朝乃至中国古代水利管理制度具有重要的意义。

六、明朝《新开通济渠记》碑

《新开通济渠记》碑，明朝陕西巡抚项忠所立。项忠（1421—1502年），字荩臣，浙江嘉兴人，进士出身，历任刑部主事、广东副使、陕西按察使、大理寺卿、陕西巡抚、刑部尚书、兵部尚书等职，死后赠太子太保，谥号襄毅。项忠治陕期间，开龙首渠及皂河引水西安城，解决西安城内水咸不能饮用的困难，同时还疏浚郑国渠、白渠，灌溉泾阳、三原、醴泉、高陵、临潼5县，计田7万余顷，当地百姓自发建生祠以感念项忠治水的治水之功。成化元年（1465年），项忠建立《新开通济渠记》碑，在碑阴刻有"水规"，共十一条，内容如下：

一、自西门吊桥南，转至东门吊桥南城壕内所栽菱藕等归都司及三卫（都指挥使司及左、右、中三部驻军）公用；其北则归西安府及布、按二司（布政司，按察司）采用；

二、原龙首渠巡视老人、人夫仍需巡视修堰，不得依赖新渠，妨误以东人家浇灌食用；

三、皂河上源至西城壕约七十里，设老人四名，另每里金人夫二名养护。丈八头到城两岸植树及交河亦令前项人夫养护。"老人朔望日赴官发放"（初一、十五赴官汇报）；

四、丈八头以上军民用交、皂河水灌田，前项老人量宜分用，不许多分、断流；

五、丈八头以上沤蓝污水者，令前项老人禁约；

六、丈八头分水石闸金附近二户管理养护，规定分水深一尺，即可够用，余水仍归皂河故道；

七、西城濠西岸置水磨一座，其北置窑厂一所，金定四方看管养护，就"磨课"收入为修渠开支；

八、窑厂东置木厂一所，收桩木善物，备修渠用，令管磨者管理；

九、水自西城人，东城出；渠用砖灰寿砌，券顶以土填与街道平。每二十丈留一井口。各处井口令当地一户养护。规定冬春严寒每半月，微寒每七日，夏秋大热每二日，微热每四日一次，派人进入渠内往来查看，防有弃置死物，由看管者负责；

十、各官府分水入内，校尉人等无所统属，不易管理，于分水处井口各置锁钥，由当地看管人户执掌，酌量将分水闸按时启闭，不能由校尉等任意取水；

十一、城内不许于渠上或渠旁开张食店、堆积粮食，不准污染渠水，又恐虫鼠穿穴。此外再有碍事理，一律禁约。①

《新开通济渠记》拓片

《新开通济渠记》的水规是针对城市用水的规定。在此之前，各朝都有对一些重要城市如长安、开封、洛阳、杭州等对供水河道的管理制度，如元代规定，如果在金水河洗手洗衣物者要受鞭笞。水规是这些制度的延续，它所规定的各种制度，在完善城市用水管理制度、禁止水源污染、节约用水等方面发挥了重要作用。

七、运河管理法规

运河是古代漕运的主要通道，特别是隋唐以来，运河承载了大量的运载任务，成为国家重要的经济动脉，因此运河的管理显得极为重要。自运河运行起，运河的管理就开始了，但是没有具体的管理法规，往往一事一议，元明清时运河的管理不断加强，明朝王琼著有《漕河图志》，书中有《漕河禁例》，是为运河的管理条例。

《漕河图志》，共八卷，明朝王琼撰。王琼，字德华，山西太原人。成化二十一年（1848年）进士，授工部主事，升郎中，治理漕河三年，改任户部。正德元年（1506年）任右副都御使，督理漕运。后历任户部右侍郎、户部尚书、兵部尚书、吏部尚书等职。《漕河图志》卷三中的《漕河禁例》，载有明宣宗、明英宗和明宪宗有关漕河的圣旨、禁令和关于运河的河道和运输管理制度十七条。其条约内

王琼像

---

① 姚汉源.中国水利发展史.上海：上海人民出版社，2005：437.

容如下：

凡闸，唯贡鲜品船只到即开放。其余船只务需积水而行，不得逼胁擅开。

凡漕河事务悉由典掌之官处理，他官不得侵越。

凡漕河所征桩草并折征银钱备河道之用，勿得以别事擅支及无故停免。

凡府、州、县添设通判、判官、主簿及闸坝官，专理河防之务，不许别委干办他事，妨废正务，违者罪之。

凡府、州、县管河官及闸坝官有过犯，开具所拒事由，行移巡河御史等官问理，别项上司不得怀挟私忿，径自提问。

凡闸、溜夫受雇，一人冒充二人之役者编充为军。冒一人者枷项徇众一月毕，罪遣之。

凡河南省内有犯故决河防及盗决，因而淹没田庐。计所漂失物价律该徒流者，为首之人并发充军。军人犯者徙于边卫。

凡故决山东南旺湖、沛县昭阳湖堤岸及阻绝山东泰山等处泉流者，为首之人并遣从军，军人犯者徙于边卫。

凡侵占纤路为房屋者治罪，撤除。

凡漕河内勿得遗弃尸骸，浅铺夫巡视掩埋。违者罪之。

凡闸、坝、洪、浅夫各供其役，官员过者不得呼招牵船。

凡马快等船每驾船军余一名，食米之外，听带货物300斤。若多带及附搭客货、私盐者听巡河、管河、洪、闸官盘检，尽数入官。应提问者，就便提问；应参奏者，参奏提问。

凡船非载进贡御用之物，擅用响器（鼓乐）者治罪。其器没官。

凡南京差人奏事，水驿乘船私载货物者听巡河御史、郎中及洪闸主事盘问治罪。

凡漕运军人许带土产换易柴盐，每船不得过10石（后增至60石）。若多载货物，沿途贸易稽留者，听巡河御史、郎中及洪闸主事盘检入官，并治其罪。

凡南京马快等船只到京，顺差回还。兵部给印信、揭帖，备开船数及小甲姓名，付与执照，预行整理河道郎中等官，督令沿途官司查帖验放。若给无官帖而擅投豪势之人乘坐回还及私回者，悉究治之。

凡运粮、马快、商贾等船，经由津渡、巡检司照验交引。若豪势之人不服盘诘，听所司执送巡河御史、郎中处，罪之。[1]

清朝运河的管理制度逐步完善，在《山东全河备考》有所反映。《山东全河备考》，清朝叶方恒撰。叶方恒，字学亭，江苏昆山人，顺治年间进士，官至山东济宁道。《山东全河备考》就是他在督理山东河道时所辑，专门记载运河山东段的各种内容，共四卷，卷一为图志，卷二为河渠志，卷三为职志，卷四为人文志。在卷三中除了记载前代旧有制度十七条外，又增补康熙初年新订制度六条，具体内容如下：

一漕运重船，不许夹带私货，淮安济宁地方严加查盘，如有夹带私货，地方未经确查容过者，罚俸一年。

一黄运两河堤岸修筑不坚，一年内冲决者，将管河同知通判州县等官各降二级调用，分司道官各降二级调用，总河降一级留任。如被异常水灾冲决者，将专修各官俱住俸修筑，完日开复。如将伊身所修堤岸冲决，隐匿不报，另指别处申报冲决者，加倍议处。如一年外冲决者，将管河官员俱革职，戴罪督修，分司道官俱住俸督修，完日开复。如系本官所修堤岸冲决，隐匿不报，另指别处申报冲决者，将管河官员各降二级调用，分司道官各降一级调用，总河不行详确具题，罚俸一年。如冲决少而该管官报多者降三级调用，不行详确。转详之官降二级调用，不行详确。具题之总河降一级留任至冲决地方，限十日内申报，如过十日报者，降二级调用。如沿河堤岸预先不行修筑，以致运时漕船阻滞者，将经管官降一级调用，该管官罚俸一年，总河罚俸六个月。

一修筑黄河堤岸，定限一年，运河堤岸，定限三年，如黄河堤岸半年内，运河堤岸一年内冲决者，将经修防守，同知通判州县等官均行革职。分司道官降四级调用，总河降三留任。如黄河堤岸过半年，运河堤岸过一年限内冲决者，将经修防守，同知通判州县等官降三级调用，分司道官降二级调用，总河降一级留任。如过限年冲决者，将管河各官俱革职，戴罪修筑，分司道官住俸督修，工完开复，总河罚俸一年。若限年之内修筑之官已去，而防守之官防守疏忽，致有冲决者，将原修防守之官，均应一体处分，其限年内本官所修堤岸冲决隐匿不报，另指别处申报冲决者，将经修防守各官革职，司道降五级调用，不行确查具题，总督降

① 姚汉源.京杭运河史.北京：中国水利水电出版社，1998：704.

三级调用。

一重运，山阳县境内运河一百一十里，限八日，清河县黄运河共四十八里，限五日，桃源县黄河九十里，限五日，宿迁县黄运河共一百五十里，黄河内限四日，进骆马湖口，运河内限三日，邳州运河一百二十里，限四日，县运河一百一十里，限四日，滕县运河五十里，县二日，沛县运河四十八里，限一日，鱼一县运河八十五里，限二日，济宁州运河七十五里，限三日半，济宁？运河十八里，限半日，钜野县运河二十五里，限一日，嘉祥县运河十六里，限一日，汶上县运河五十六里半，限二日，东平州所运河六十里，限二日，州分一日七时，所分五时，寿张县运河二十里，限一日，东阿县运河十三里，限一日，阳谷县运河六十里，限二日，聊城县运河六十三里，限二日半，堂邑县运河十七里半，限半日，清平县运河三十九里，限一日，临清州运河四十里，限三日，清河县运河二十里，限半日，夏津县运河二十里，限半日，武城县运河一百五十里，限三日，恩县运河七十里，限一日半，德州并？运河共二百三十里，限四日。天津道所属运河，自故城县郑家口起，至天津止，共五百二十一里零，限十二日。以上地方之道厅，印河等各文官，并镇将，营汛所，并员等各武官，凡重运到境，即在定限之内，火速驱令出境，如原限半日而违限一时，原限一日而违限两时，原限一日半而违限三时，原限两日以上而违限半日，原限四日以上而违限一日，原限六日以上而违限一日半，原限十二日而违限两日者，专催官罚俸一年，督催上司罚俸半年。如原限半日而违限三时，原限一日以上而违限半日，原限二日以上而违限一日，原限四日以上而违限二日，原限六日以上而违限三日，原限十二日而违限四日者，专催官降一级调用，督催上司罚俸一年。如违限之期与原限之期相等者，专催官降二级调用，督催上司降一级调用，如违限之期逾于原限之期者，专催官革职，督催上司降二级调用，毋论文武，一体处分。其押运之官所押重运，自受兑以至交仓会于，一二处逾限者罚俸半年，三四处逾限者罚俸一年，五六处逾限者降一级调用，七八处以上逾限者降二级调用，十处以上逾限者革职，共回空漕船。自天津？起至汶上县止一带河道，俱系溯流，其间凡设有闸坝蓄水之处，俱照重运定期，其并无闸坝之处，原限十二日者应改为限九日，原限四日者改为限三日，原限一日半者改为限一日，原限三日者改为限二日。自嘉祥起至山阳止一带河道，俱系顺流，其间凡设有闸坝蓄水之处，亦应照重运定期，并无闸坝之处，原限半日者改为限限三时，原限一日者改为限半日，原限四日者改为限二日，原限五日者改为限二日半，其有不行力催以致违限者，沿途文武并随帮官俱照重运违限处分，之例一体处分。如随帮押空系百总旗头，而非现任职官所押，回空会于沿途，逾限一次者笞五十，二次者杖六十，三次者杖七十，如逾限多次者，每一次加一等罪，止杖一百，徒三年。其天津以北至通州系逆流，重运粮船，每二十里限一日，回空系顺流，每五十里限一日。山阳以南重运如顺流，每四十里限一日，如逆流，每二十里限一日，回空如顺流，每五十里限一日，如逆流每三十里限一日，如有违限亦照前例议处。

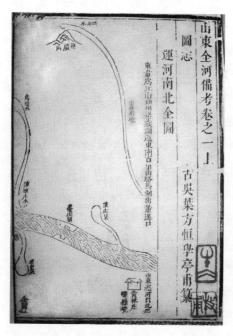

《山东全河备考》

一管河，分司，道官，同知，通判，州县等官，每年于各该管沿河地方栽柳，若成活一万株者，记录一次，二万者，记录二次，三万者，记录三次，四万者，加一级，再增者，照数记录加级。分司，道官有督催之责，所属之官内，有半至议叙者，记录一次，全至议叙者，加一级。

一各处堤岸关系运道民生，嗣后一应人等，将关系运道堤岸故决盗决，审实即行处斩枭示。[①]

综上所述，中国古代水利法规和制度都是在历朝实践的基础上总结并制定的，使当时的水政管理有法可循，有利于水利建设和农业生产的发展。

---

① 叶方恒. 山东全河备考·卷3. 济南：齐鲁书社，1996.

第五章　水与国家吏治

官吏是古代中国各项水利工程的具体执行者，工程执行情况的好与坏在很大程度上与吏治密切相关。吏治清明，官吏一心为公，政策执行坚决，就效果好；吏治腐败，贪腐成风，借机发财，政策执行不到位，则效果差。

第一节 水 与 吏 治 腐 败

一、治河与吏治腐败

（一）治河中吏治腐败的表现

在小农经济社会，一家一户的生产模式下，水利作为资金和人力投入密集的工程，通常只能由国家来组织实施。作为具体组织实施者官吏的责任心、清廉和治理能力等决定水利兴修的成败，其中，吏治更起到决定性作用。由于缺乏完善监督和处罚机制，古代社会权力存在任何领域均存在吏治贪腐影子。"天下之事，一事立则一弊生。钱谷有钱谷之弊，刑名有刑名之弊。"[1] 有着财政巨大投入的水利工程，更无法避免吏治腐败这一深深附着在专制政体上的毒瘤。清代有了"黄河决口，黄金万斗"的说法。治河经费成为官吏眼中唐僧肉，官吏们乐于从事治河。

即使处在清代康乾盛世时期，官员也不放弃从治河中获利的机会。康熙皇帝曾经很清楚指明这一点："河工积弊，汛官利于堤岸有事，修建大工，得以侵冒河帑，又希图修桥建闸，兴无益工程，于中取利。"[2] 乾康熙皇帝也明白治河目的是从中取利，而为了能够经常性从治河中获取经费，治河从不追求"百年工程"，工程质量低，反复地被冲决，能够从重修当中再一次获利，而不是真正治理河患，治河的效果可想而知。既然连盛世君都明白治河的积弊在于官员的贪腐，那么为什么不选择清廉的官员来从事治河？原因就在于治河本身工程大、难度大，要求水利、地质和环境等方面知识，要求组织者有一定专业技术性，并非普通官员可以胜任，选择官员范围就小，选择既能干又清廉的官员并非易事，常常需要在官员能力和清廉之间作出选择。在治河成功的因素上，能力比清廉更重要，因而皇帝在治河人选上常常看中治河官员的个人能力，而对官员廉洁

---

① 朱之锡.河防疏略.上海：上海古籍出版社，2002：644.

② 清圣祖实录·卷216.影印本.北京：中华书局，1985：222.

要求降低。康熙皇帝就曾说："官之清廉，只可论其大者"①。这就进一步加剧了贪腐的程度。官吏在兴修水利工程中吏治腐败的具体表现如下。

1. 官吏贪墨

（1）巨额化。

水利工程耗费巨大，除了工程本身工程量浩大外，还有一个原因就是官吏贪墨数额巨大，大大增加了工程预算。那么官吏的贪腐究竟到了何种程度？以下面两个例子来说明。清雍正四年（1726 年）河道总督齐苏勒奏称："河员有领去帑银而物料工程并无实据者甚多，及至参出，所亏已至数十万两，历经前任各河臣催追二十余年，多属人亡产尽，至今毫无完解。"在这份奏折中，河道总督齐苏勒首先谈的是关于河员贪腐的问题，采取手段多是借助采买物料修工程名义领取银两，但是在事后往往发现河员存在冒领情况，等到被弹劾的时候，发现河员冒领数额竟然达到数十万两，历经二十多年追缴，人死了，冒领银两仍没有追缴完毕。那么冒领的钱去哪里？齐苏勒接着自己推测："臣细察其由，无非指称办料名色，将领去银营私肥己，兼以请银之时转详之道员，批发之河各扣十分之一二，以致领银入手已耗十分之五六。"②冒领原因就是假借办物料等名目去贪占这笔钱，但这笔钱并没有全部到河员手中，在下拨银两的过程中被道员和总河克扣，到手只有 50% ~ 60%。从这则例子可以看出，雍正时期，即使河员到手银子全部用于治河，治河之前，贪污治河经费至少有 50% ~ 60% 已被贪墨。清嘉庆年间，贪墨数额进一步加大。以嘉庆初年丰工工程为例，具体负责治河官员预算治河经费为白银 120 万两，河督欲将经费削减为 60 万两，向当时水利专家郭大昌咨询，其建议再减去一半预算，为 30 万两。郭大昌解释原因，治河本身只需要 15 万两，剩下 15 万两与各级治河官吏平分。尽管郭大昌的方案已经在治河预算中预留资金供官吏获利，但因大大削弱侵占部分，最后郭大昌却落得"省工费，抽言语，触众怒"③的结果。由此可以看出，一项治河水利工程，如果按照最初治河官员的预算参照，此时其侵占数额最多占到工程经费 80%。清道光（1821—1850）时，官吏贪墨数额更为巨大。"南河岁修经费每年五六百万，然实用之工程者，不及十分之一。"④这还仅仅是侵占比例达到 90% 的南河河督衙门，还没有计算北河和东河。

---

① 清圣祖实录·卷 245. 影印本. 北京：中华书局，1985：433.

② [清]汪胡祯，吴慰祖. 清代河臣传. 台北：明文书局，1985：108.

③ [清]包世臣. 中衢一勺·卷 2·郭君传. 黄山书社，1993：36.

④ [清]李岳瑞. 春冰室野乘·卷上·道光时南河官吏之侈汰. 台北：文海出版社，1967：121.

（2）规模化。

贪墨水利工程经费不仅仅是个别官员行为，而成为一个从事水利官员群体的写照，呈现规模化的特点。清代民谣中就有"文官吃草，武官吃土"的说法。

文官吃草指的是在其购买治河物料中虚报物价，以高出原价五六倍上报购买价格，差额部分纳入自己腰包。武官吃土指的是负责筑堤、打坝等土料施工的武官采取虚报土方等作弊手段提高工程量，以多骗取工程款。工程款到手，为应付事后检查，将河堤最平整的地方象征性略微平整，故意露出新土来充作修堤的凭证，上报获取修堤费用。

（3）多样化。

多样化指的是贪墨方式多种多样，不仅有上文提到以直接侵占工程款的方式，还有借助救灾来侵占救灾物资。金世宗大定二十六年（1186 年）卫州（今河南卫辉）黄河决口，派遣去救灾的户部侍郎（相当于现在财政部副部长）王寂不去及时救灾，反而忙着逮鱼，侵占救灾物资，老百姓怨声载道，"民甚怨嫉"。① 为获得更多侵占机会，官员更愿意采取延长工期方式。清代钱陈群在自己文集中明确记载官员这一丑恶行径，并以元代重新疏通贾鲁河的工期作为参照，来说明这一行为恶劣。贾鲁河原名惠民河，因元朝工部尚书（负责全国工程建设和管理的最高行政长官）贾鲁重新疏浚故道而得名。贾鲁河因水量充沛，曾被称为小黄河，郑州金水河是其支流。至今是河南境内除黄河外，流域最广，最长的河流。由此可见，元代贾鲁河工程量大。"元贾鲁开河数十里，数十日而成。"② 与此形成相反，"近时兴一役，辄累岁月者"。③ 一些军队将领采取虚报人数方式，骗取人员经费。为躲避检查，将不符合规定人员吸收进来冒名顶替。"自来招填缺额兵士，多是干系人作弊"。④

2. 官吏渎职

（1）贪功冒进。

为降低工程成本，历代政府会对治河水利工程中省工减料的官吏给予加官晋爵等恩赏，部分官吏为贪图恩赏，不惜刻意降低工程成本，而丝毫不考虑工程本身质量和安全。为防范官吏这

---

① ［元］脱脱，等 . 金史·卷 27. 北京：中华书局，1975：672.

② 钱陈群记载并不十分准确，实际上整个工程疏通有 280 多里，工程分两个部分，疏通河道和堵塞黄河缺口等，整个工期从开工到通航共计 190 天，工程量之大和效率之高在中国水利史上鲜见。

③ ［清］钱陈群 . 香树斋文集·卷 28·治河略 . 杭州：浙江人民出版社，1987：192.

④ ［南宋］赵汝愚 . 宋朝诸臣奏议·卷 127. 上海：上海古籍出版社，1999.

种倾向，北宋宋真宗景德三年（1006 年）七月，朝廷即诏令："自今修缮（黄）河堤无得更减功料。"① 北宋宋真宗天禧四年（1020 年）五月，朝廷再次重申："沿河州军，自今每岁令长吏与巡河使臣躬视堤岸，当浚筑者，备书以闻，勿复减省功料，以图恩奖，违者寘重罪。"②

治河本非一朝一夕的事情，需要通盘考虑整个河流走向，上下游所处地貌特征，周边河流水量大小等。例如，治理下游淤塞，需要考虑上游水量大小、河道宽浅等，不能采取脚疼医脚，头疼医头的方法。治河官吏为取得最快的效果，采取一种最为省事和最快见功效的方法，即采取加固河堤而不是疏导方式。尽管能暂时杜绝河患，但随着水位升高，终将决堤。清乾隆二十三年（1758 年）尹继善曾在奏折中指出："向来治河诸臣不思达其去路，而惟恃湖堤以相捍御。及湖涨难容，终至泛滥不收，而远近田庐胥受其害矣。"③ 魏源同样认为，清代治河屡次失败原因在于单纯采取堵塞缺口的方式。"塞于南难保不溃于北，塞于下难保不溃于上，塞于今岁难保不溃于明岁。"④

（2）逃避和推卸责任。

与官吏贪功冒进相比，官吏最为世人所痛恨的另一个渎职行为就是推卸责任。北宋宋太宗太平兴国八年（983 年）十一月，黄河再一次决口，巡检河堤作坊使（宋代在重要河流设置排查河堤险情的官员）郝守濬本应坚守岗位，组织力量治河和救灾，然而"竟擅自赴京师奏事而置河役于不顾"。⑤ 在他心目中，责任远没有皇帝的信任来得重要。宋哲宗元祐元年（1086 年）河北转运使（负责河北运输事务官员）范子奇等脱离工作岗位，被御史中丞（中央监察系统最高行政长官）刘挚弹劾，"未尝亲至河上，欲以侥幸有成"。⑥ 怀抱着侥幸心理希望能逃脱惩罚。在河卒、河夫的使用、管理中，缘于官员的渎职，也多造成兵夫的伤亡。如金天圣元年（1023 年）鲁宗道等人于盛暑之际大兴河役，竟导致"兵多渴死"。⑦

"水事最急，功不可缓，稍缓倾，则难固护矣。"减少水灾损害一个最有效的方式是提高救援的速度，尤其是地方政府救援力量不足，需要中央救援力量支撑的情况下，尤为重要。但地方官

---

① ［南宋］李焘．续资治通鉴长编·卷 63．北京：中华书局，2005．

② ［清］徐松．宋会要辑稿·方域 14．北京：中华书局，1957．

③ ［民国］赵尔巽，等．清史稿·卷 126．北京：中华书局．1977．

④ ［清］魏源．魏源集．北京：中华书局，1976．

⑤ ［南宋］李焘．续资治通鉴长编·卷 374．北京：中华书局，2004．

⑥ ［南宋］李焘．续资治通鉴长编·卷 105．北京：中华书局，2004．

⑦ ［南宋］杨仲良．续资治通鉴长编纪事本末·卷 47．台北：文海出版社，1966．

员上报灾情，中央在实施救灾的同时往往要探明灾害发生的原因，追究相关责任人。为免受责罚，一些地方官员便刻意隐瞒灾害，使救灾失去最佳机会。金世宗派工部尚书刘玮前往卫州（今河南卫辉）堵塞缺口，刘玮担心工程量大，无法按时完成，主张"徙民以避其冲"，其理由"天灾流行，非人力所能御"，推卸责任，任由河水泛滥。① 对于没有从中获利的差事，则相互推诿。到金章宗朝（1189—1208），巡河官吏遇事相互推托，或"行贿请托，以致多不称职"。②

（3）欺压下属和百姓。

在治理河患过程中，虐待和苛责治河士兵的事情时有发生。北宋宋太祖建隆三年（962年）控鹤右厢都指挥使（宋代皇帝有多个侍卫亲军，为其中一支侍卫亲军的指挥官）尹勋在指挥疏通五丈河（北宋连接开封的一条漕运运河）期间，出现了河工夜间大批溃逃的现象。为减少逃亡现象，尹勋采取残杀手段，"斩杀队长10余人、追获亡者70余人，皆剕其左耳"。但这种做法没有消除产生逃亡的根源，反而加深了百姓对尹勋残暴手段的愤恨。最终为平息事态，朝廷对尹勋给予降级轻微处分。"配隶许州为教练使，止薄责焉"。③ 对下属常见欺压方式是，借助隶属关系，公然索贿。"逐埽军司、壕寨人员、兵级等第出钱，号为常例。稍不如数，则推摘过失，追扰决罚"。④ 担负水利兴修的任务，是普通百姓所承担劳役，但通常在灾荒年份，为减轻百姓负担，往往采取免征劳役方式，以体现统治者的仁慈。吏治腐败之下，一些地方官员为追求个人私利，不顾百姓苦楚，甚至在灾荒年，仍然给普通百姓下达治河的任务。"今年大旱千里赤，州县仍催给河役"。⑤ 征收治河物料方面，具体经办胥吏更是上下其手，百姓苦不堪言，有了死于水不如死于物料之惨的说法。

（4）借公事，干私活。

利用管理河卒的便利条件，驱使河卒为自己干私活。宋哲宗元祐年间（1086—1094），王世安在任都大提举河埽期间，役使河卒谋取私利。"差河清兵士掘井灌园"。⑥

（5）任人唯亲。

———————————

① ［元］脱脱，等．金史·卷95．北京：中华书局，1975．

② ［元］脱脱，等．金史·卷27．北京：中华书局，1975．

③ ［南宋］李焘．续资治通鉴长编·卷3．北京：中华书局，2004．

④ ［北宋］晁补之．鸡肋集·卷66．文渊阁四库全书本。

⑤ ［南宋］李壁．王荆公诗注·卷21．文渊阁四库全书本。

⑥ ［南宋］李焘．续资治通鉴长编·卷449．北京：中华书局，2004．

清乾隆（1736—1796）时期，黄河频发，治河事务增多，因而河道衙门人员编制扩增，许多官员子弟寻求办法想进入河道衙门，由此成为其进入仕途的一个捷径。"投效河工，希图钻营题补"，成为一种不良风气，"流弊已久"。河督在贪腐官员的眼中成为一个大肆索贿的肥差，为此，愿意不惜代价获得这个职位。作为历史上巨贪之首的和珅，自然不会放过这个机会。和珅在乾隆年间专权二十年，插手河督的人事安排。"其任河督者，皆出其私门，先以巨万纳其帑库，然后许之任视事。"买了官，上任之后，自然想尽办法回本。"故皆利水患充斥，借以侵蚀国帑"，直接带来的影响，是导致治河官员素质低下，不具备治河能力。"河底之深浅，堤面之高下，问之司河事者，莫能知其数"，治河吏胥趁机欺瞒"报有志桩存水之文，测量实水，则与报文悬殊。"对此，治河官员经无从判断，"问之司河事者，莫能言其故"①。治河不行，而贪钱有术，河道衙门的官员被人所排斥，看作是祸国殃民的蛀虫。"而朝中诸贵要，无不视河帅为外府，至竭天下府库之力，尚不足充其用。"②

3. 官吏生活腐化堕落

水利工程中巨额经费成为各方竞相争夺的肥肉。"大工一举，集者数十万人，至使四方游士、猾商、倡优、无赖之流，无不奔走辐辏于河干"。其中经费最为充裕的便是治河，治河的官员也成为获利最多的群体。因为钱来得容易，治河官员经常相互攀比，奢侈之风随之兴起。在清代，治河官员的衣食起居往往仿效的是商人中生活最奢侈的广东洋商和两淮的盐商。连地方官也受其影响沾染其奢侈风气。"豫省官吏向染河工习气，竞商奢靡。"③

4. 官吏争权夺利

防洪等大型水利工程常常跨区域建设，日常维护和巡视仅靠地方官员之间协调无法完成，需要成立一个专门机构来专职负责大型水利工程的管理。清朝于顺治元年（1644 年）设立河道总督，总理两河事务，成为清代常设官职。④ 两河指的是黄河和运河。两河流经多省，在治理、运输和管理等多个方面都需要地方官员协助，尤其是地方最高行政长官总督和巡抚的协助。清朝规定黄河沿河地方督抚兼管河务，"一督、四抚、三总河均有河工专责"。⑤ 由此导致河道总督和地方督抚

---

① ［清］包世臣. 中衢一勺·卷 1. 载《安吴四种》. 台北：文海出版社，1968.

② ［清］昭梿. 啸亭杂录·卷 7. 光绪年间上海申报丛刊铅印本。

③ ［清］朱寿朋. 光绪朝东华录. 北京：中华书局，1958.

④ 大清会典·康熙朝. 台北：文海出版社，1992.

⑤ 清高宗实录·卷 545. 影印本. 北京：中华书局，1985.

在水利职权上出现重叠。地方督抚兼管河务，一方面给治河带来了积极影响，如大工兴作时筹集物料、调拨夫役上如果地方官员配合，会有许多便利；另一方面，权力重叠就出现权责不明问题，产生矛盾。嘉庆皇帝也曾说："督臣与河臣同在一处，往往意见龃龉，转多掣肘。"① 为解决矛盾，清代河工制度规定，河员专任修防，州县协办夫料，也就是治河以河督衙门为主，地方提供后勤保障和人工物料供应，这里又产生一个新的矛盾。地方出力、出物，但功劳不是最大。治河成功，功劳主要归功于河督。治河失败，地方还得遭受灾害和牵连。因此，权责出现不对等情况，地方官员对于治河认为是一项出力不讨好的差事，对此，漠然处之，甚至消极怠工，为此常常遭到河督投诉。清朝乾隆八年（1743 年），河督白钟山即因此上奏乾隆皇帝："府州县正印官每膜不相关，无同舟共济之情，掣肘误工，不一而足。"② 对于河督投诉地方官员不配合，皇帝却有说不出的苦衷。河督衙门本身存在就是为了弥补跨区域治水地方协调不足的弊端，治水必然要求以河督为首，理应直面河督投诉，皇帝理应严厉惩治地方官员。但这样的做法必然加重地方官的怨气，地方仍然会消极对待。更重要的是河督治河离不开地方的配合。地方为国家赋税来源，而河道衙门是个花钱衙门，常常需要地方财政支持，地方在治河中地位举足轻重，对于河督投诉，皇帝以协调为主，希望能够换取地方支持和配合，河督也深知投诉并不会起太大实质性作用。曾任河督靳辅就曾说："河臣，怨府也。督抚为朝廷养民，而河臣劳之；督抚为朝廷理财，而河臣縻之。"③ 投诉也仅仅是河督发泄怨气的一种表达方式，无法形成一个一劳永逸的解决办法。

（二）吏治腐败对治河的影响——河患泛滥

在专制集权的古代社会，依靠从上而下形成监督机制，无法形成对权力的有效监督。在监督缺位的情况下，吏治腐败如影随形，就像一个毒瘤阻碍治河顺利进行，进而也导致河患频发。

水利中对社稷和民生影响最大的就是江河的治理，是否能避免河患的发生。为此，历朝历代设立了专门的治河机构。宋仁宗嘉祐三年（1058 年）下诏："其置在京都水监，凡内外河渠之事悉以委之。"④ 这是北宋政府在中央机构中设立的主管全国河渠治理的专门机构。为治理黄河泛滥，历史上第一次设立专门针对黄河的治理机构。宋神宗还于熙宁六年（1073 年）四月"诏置疏浚黄河

---

① 清仁宗实录·卷 40.影印本.北京：中华书局，1986.

② ［民国］王荣撰.豫河续志·卷 9.民国十五年河南河务局铅印本。

③ ［清］靳辅.治河奏绩书.上海：上海古籍出版社，1987.

④ ［南宋］李焘.续资治通鉴长编·卷 188.北京：中华书局，1985.

司"。[①] 针对官员治河中腐败行为，加强法律的规范。宋太宗端拱二年（989年）五月，宋廷诏令地方转运使（地方负责军需供应官员，同时也负责地方官员考核）检查沿河州县治河物料的保存情况。如发现，"有检视不谨，为水所败者，坐其罪"。强调河堤的平时预防工作，加强日常巡视，一旦失责，即便没有酿成大的责任事故，也要追究其法律责任。"失备虑，或至坏隳，官吏当真于法"。[②] 即是如此，但也并没有取得很好的效果。例如北宋政府每年投入巨大精力治理黄河，"工役罕有虚岁"。[③]，但对于困扰北宋的黄河频繁泛滥问题，并没有得到彻底解决。"黄河之患，终宋之世，迄无宁岁"。[④] 即使在北宋强盛时期，治河的政策也是失败的。整个治河成效，用曾巩的一句话概括："盛宋之隆，河数为败"。[⑤]

清代同样重视治河，从治河人员编制不断增加的趋势即可看出这一点。以东河（负责山东、河南道的疏浚及堤防）、南河（负责江苏河道的疏浚及堤防）下属的厅一级机构设置而言，康熙朝（1661—1722），南河辖六厅，东河辖四厅，道光朝（1821—1850）分别增至二十二厅和十五厅。仅厅的设置就增加了近三倍，下属人员增加更是数倍。"文武数百员，河兵万数千，皆数倍其旧"治河经费投入逐年增加。魏源在《筹河篇》中指出："康熙年间（1661—1722），每年河工花费不过几十万两银子；到乾隆年间（1711—1799），已经每年三百万两了；嘉庆年间（1796—1820），河道淤积，机构膨胀，年费600万~700万两，其费远在宗禄（宗室所领俸禄）、名粮、民欠之上。"[⑥] 巨大的财政投入，没有换来预期效果，连嘉庆皇帝也非常困惑，南河工程近年来所拨下的银两不下千万，从来不耽误，比战争军务开支下拨还要快。战争还有平息的一天，而治河工程从来没有停止过。水流大，怕它泛滥；水量小，又怕过往船只搁浅。最后嘉庆皇帝无奈地叹息道"用无限之金钱，而河工仍未能一日晏然。"[⑦]

官吏是治河的关键，为取得治河成功，康熙年间建立了河工责任追究制度。如康熙33年（1694年），规定："嗣后堤岸冲决、河流迁徙者，照定例处分；若堤岸漫决、河流不移者，免其革

---

① ［南宋］李焘. 续资治通鉴长编·卷252. 北京：中华书局，1985.

② ［元］脱脱，等. 宋史·卷91. 北京：中华书局，1976.

③ ［北宋］晁说之. 嵩山文集·卷1. 四部丛刊本。

④ ［明］李濂. 汴京遗迹志·卷5. 文渊阁四库全书本。

⑤ ［北宋］曾巩. 曾巩集·卷49. 北京：中华书局，1984.

⑥ ［清］魏源. 魏源集. 北京：中华书局，1976.

⑦ ［清］席裕福，沈师徐辑. 皇朝政典类纂·卷163. 台北：文海出版社，1982.

职，责令赔修。年限内漫决者，经修官赔修；年限外漫决者，防守官赔修。"①对各种河流决口、改道和河水干涸等事故承担不同责任，给予革职和赔修等不同触犯措施。

防止吏治腐败导致工程质量下降引发河患。制度履行靠人，在吏治腐败的大环境下，河工队伍中甚至混进游手好闲之徒，也想从中获利。"河夫既系游手，且需索无厌，视修河为利薮，往往堤将成而盗决之，故民困愈甚，而河卒不治。"②朝廷逼于无奈，甚至采取更为极端手段，频繁更换官员，希望选派合适的人员。嘉庆皇帝在位25年，南河总督换了12任，东河总督换了18任，平均每年都有河道总督人选的变换，有时甚至在一年之内就三易其人。但面对腐败大环境，人人牟利，又怎能选到合适的人选？

为更多获取土地，地主豪强占河床为田的行径也破坏生态环境，加剧河患的发生。"河堤坍塌，必是附近有田，豪强耕滩挖毁，占据河身浑成一片"。③针对这种行为，清政府加以明令禁止。"官地民业，凡有关水道者，概禁报垦。"禁止将河道以垦荒名义侵占，明确指出"再行占耕，将予治罪"④，然而朝廷禁令并没有生效，地方官员的不作为加剧了河患的发生。"滨水愚民，惟贪淤地之肥润，占垦效尤，所占之地日益增，则蓄水之区日益减。每遇潦涨，水无所容，甚至漫溢为患，是以屡经降旨饬谕，冀有司实力办理。"而没有生效的原因，"今地方官奉行，不过具文塞责。"⑤甚至地方官员将侵占土地合法化。"河政之坏也，起于并水之民贪水退之利，而占佃河旁淤泽之地，不才之吏因而籍之于官，然后水无所容，而横决为害"。⑥河水上涨之后，因为河滩之地被占为农田，缺乏排洪渠道，加重了河患的发生。

另外，吏治腐败之下，官吏将主要精力放在治河等大型水利工程建设中，原因在于治河等大型水利建设对官吏来说带来的不仅是巨额的财政收入，还有政绩的提升，而对关乎民生的农田水利建设关注不够，因而造成农田水利建设资金相对短缺，导致建设滞后，一些粮食作物种植面积减产。明初，苏松地区是水稻主要产区，为漕粮主要来源之一。到明末，产量只有明初十分之一。

① 乾隆大清会典则例·卷133.上海：上海古籍出版社，1987.

② [清]陈锡辂，查岐昌.归德府志·卷14.郑州：中州古籍出版社，1994.

③ [清]杨宜仑.高邮州志·卷3.乾隆四十八年修.

④ 清高宗实录·卷911.影印本.北京：中华书局，1986.

⑤ 清会典事例·卷919.北京：中华书局，1991.

⑥ [清]顾炎武.日知录·卷12.上海：上海古籍出版社，1985.

其中重要的原因，就是农田灌溉设施建设等落后。"自水利不修，邑中种稻之田，不能什一。"①甚至连上交的漕粮也是在市场买来的。"皆来之境外洲"。一些地方甚至针对这种因缺粮而买卖漕粮情况，储存一些劣质米而从中获利。"而他邑常贮糠批绝润之米，乘交兑方急而集之。"

二、漕运与吏治腐败

我国古代把特定地区田租赋税通过水路运往京师的这种经济制度称作"漕运"。漕运将国家政治中心与经济中心联系起来，平衡政治中心与经济中心发展不平衡，政治中心获得经济中心物质正常供给，维持政治中心国家机器正常运转。漕运对古代国家重要性有人形象比喻为血液流通对于人体健康的重要性。"国计之有漕运，犹人身之有血脉。血脉通则人身康，漕运通则国计足。"②黄河和淮河等河水决口常常会冲垮运道，影响漕运，进而影响京师供应。治河也因为漕运的关系成为国家常年投入的重大水利工程。"国家资河、淮以济运漕，运不可一岁不通，则河、淮不可一岁不治。"③对此，嘉庆帝曾明确强调"治河所以利漕，东南数省漕粮，上供天庾，是必运道通畅，方能源源转输也"④并对因治河不利而影响漕运的官员严加惩处。乾隆三十年（1765年）奏准："北河流沙，应令坐粮厅、各汛官弁及时疏浚。如不速为挑浚，有误空重漕船者，将各汛官降一级调用，坐粮厅罚俸一年。仓场侍郎及巡漕御史不查出题参，罚俸六月。"⑤

水路运载漕粮，难免途中发生灾害、翻船和粮食水分蒸发引起损耗，不法官吏趁机由此大做文章，以"失陷官物"来勒索船户。北宋高宗绍兴四年（1134年）三月，一份朝臣的奏折清楚地反映了不法官吏这一做法："有司馈粮，虽用水运，然每令州县抑勒船户装载失陷官物。"而船户不甘心被勒索，寻求损失的补偿："船户既被抑勒，侵欺盗用，巧诈百端，以至自沉舟船，号为抛失。"采用盗窃，甚至沉船等极端方式。最后结果是"所运米数，失陷大半。"⑥

甚至负责的漕运官员也忽略自身担负的国家重要职责，将手伸向漕运中牟利，有的采用很低端

---

① 清宣宗实录. 北京：中华书局，1986.

② [明]陈子龙编. 明经世文编·卷343. 北京：中华书局，1962.

③ [清]魏源. 皇朝经世文编·卷97. 北京：中华书局，1992.

④ 清仁宗实录·卷226. 北京：中华书局，1986.

⑤ 清会典事例·卷102. 北京：中华书局，1991.

⑥ [南宋]李心传. 建炎以来系年要录·卷74. 北京：中华书局，1988.

的手段盘剥地方官。清顺治四年（1652年），淮南地区的泰州、高邮等地发生洪涝灾害，粮食大幅度减产，于是，当地官员请求按例将漕粮改折现钱交纳。但漕运总督吴惟华故意刁难，不予批准。地方官无奈，只得向吴氏行贿三千金，才批准改折之事。诸如此类只顾索贿、不管农民死活的做法不胜枚举，所谓："因事受财，动辄千万。"[①]为保证漕粮能如数运往京城，清政府规定可以在规定应征漕粮数额之外加收漕粮，名为浮收，以减少运输过程中的损耗。浮收本为保证国库正常收入，但运行过程中给了官吏贪腐的机会。借浮收为名，超规定征收漕粮，是官吏利用漕运官理制度漏洞腐败最典型特点。康熙初年，浙江嘉兴府收漕粮正米一石，加耗米竟达八斗[②]。咸丰朝（1850—1861），"州县收漕，竟有应交一石，浮收至两石之多"。本应该征收一石漕粮，以运输途中有损耗为名，实际征收到二石还多，充分暴露漕粮征收过程中，官员为牟利不择手段的丑恶嘴脸。

如果说清初漕运腐败主要存在漕粮的征收过程中，那么清代中期以后，漕运腐败升级到从州县征粮至通州交仓每个环节，层层盘剥。道光二十六年（1846年）御史朱昌颐曾言："州县取之于民，弁丁取之于州县，部书仓役又取之于弁丁，层层需索。"[③]从管理漕运仓库的仓役、运输的牟丁、州县的官吏层层盘剥从百姓手中征收的漕粮。手法更毒辣，名目更多。诸如淋尖[④]、捉猪[⑤]、贴米等[⑥]；征收水脚费、花户费、验米费、灰印费等，这些负担统统转嫁到农民身上，加重农民分担。"初征之里胥，纳于官府，转兑运舟，及到京仓，耗折之费率五石而致一石"[⑦]。实际承担负担是法定五倍。百姓在忍无可忍的情况下，有时也联名向上控告，地方官吏对此则穷凶极恶地滥施报复，"恨其上控，倍加抑勒"。甚至"蓄养打手，专殴控漕之人"[⑧]。

临清因漕运而成为经济重镇，清政府在此设立榷关征收商税。"而在关书役众多，留难需索，弊难穷洁。"外地商人采取绕过临清的办法，躲避书吏盘剥，直接影响临清城市发展。

---

① 王钟翰 点校.清史列传·卷79.北京：中华书局，1987.

② 清圣祖实录·卷39.影印本.北京：中华书局，1986.

③ 朱昌颐.奏陈清除漕务积弊折.清代档案。

④ 地方官征收漕粮时，粮米过斗，蠹役人等故意将粮米淋倒高出斗面而不抹平，谓之淋尖。实际上，也是多征收的一种表现。

⑤ 仓役格外任取米数囊入仓，乡民拒之，声击猪，故曰捉猪。

⑥ 因米的成色差而以米贴补。

⑦ [明]刘大夏.刘忠宣公遗集·卷1。

⑧ 清宣宗实录·卷113.影印本.北京：中华书局，1986.

漕运中的吏治腐败甚至影响到国家的命运。靖康之役，金兵北撤。"纲运不通，南京及京师皆乏粮"，①这里纲运不通的因素就包含了吏治腐败之下，人心凝聚力下降，漕运无法正常运转。粮食运输不通畅，就会缺粮，进而造成军心不稳，使得没有足够战斗力去痛击金兵，本应该趁机收复失地的机会被错失。在金兵再次南下的威胁下，一味南逃，丧失大片领土，南宋与金长期对峙的局面形成。

三、水旱灾害救治与吏治腐败

水旱灾害给社会财富带来巨大的破坏。成帝建始四年（公元前29年）秋，黄河在今河北馆陶决口，"泛溢兖、豫，入平原、千乘、济南"②，水灾波及四郡三十二县，受灾土地十五万余顷，破坏房屋四万间。北宋宋仁宗天圣六年（1028年），因受黄河水涝之害，无棣、饶安、临津、乐陵、盐山五县民田多被水占，以致当地农田长期无法耕作，"以养种不得，无由复业"。③而此时政府救灾工作对安抚灾民、稳定社会、灾后生产重新恢复起到重要作用。历代政府都非常重视救灾工作。康熙皇帝曾说："户部帑金，非用师赈饥，未敢妄用。"把救灾用资金等同于战争时开支军费并提，足见清政府对救灾重视程度。

在救灾过程中，吏治腐败的表现有以下几点：

隐匿灾情。灾害发生后，中央一方面组织力量进行救灾，另一方面要调查灾害发生原因，难免会发现隐藏背后的腐败问题，如水灾发生后的河堤失修、工程款被侵吞的问题；因为担心调查，地方官选择隐匿灾情，不上报的问题。清朝光绪年间（1875—1908），北京郊县大兴、宛平旱灾，"春收不过二三分，而地方官竟报八分"，大兴和宛平属于顺天府下辖，京畿地区，天子脚下，地方官员还敢隐匿灾情，惹恼直隶总督陶澍，愤慨地方官员大胆妄为，在皇帝出京视察必经之路，竟然还存在隐匿灾情。"此在辇路所经，尚有讳饰，何况远省。若偏僻之处，即本省上司，尚恐耳目难及。"地方官员敢于隐匿灾情，背后还有一个不为人知的原因就是：当灾荒发生时，中央政府第一个救灾措施就是镯免税赋。地方征收的税赋包括两个部分：一个是上缴中央政府的，一个是被预留在地方政府。中央镯免税赋往往是地方政府的那一部分，特别当中央政府财政空虚的时候，

---

① [元] 脱脱，等. 宋史·卷94. 北京：中华书局，1976.

② [东汉] 班固. 汉书·卷29. 北京：中华书局，1962.

③ [清] 徐松. 宋会要辑稿·食货61. 影印本. 北京：中华书局，1957.

就非常不情愿因灾荒而减少国库收入，就将镯免份额仅限于地方政府身上。例如明代中期以后，土地兼并加剧，政府呈现"大库空虚、外库萧然"的局面。政府对于灾荒中镯免比例的执行严格。明孝宗弘治三年（1490 年）规定的《灾伤应免粮草事例》，凡镯免税粮"全灾者免七分，九分者免六分，八分者免五分，七分者免四分，六分者免三分，五分者免二分，四分者免一分，止于存留内除豁，不许将起运之数一概混免"，[①]明代中央政府根据灾害严重程度，减免不同比例的税赋，而减免这部分算在地方政府存留的那部分扣除，这就等于把镯免任务交给地方政府，反而中央政府没有因为灾荒受到任何损失。上行下效，地方政府为缓解财政危机，一般会采取隐瞒灾情方式，照常征收税赋。即使不得不汇报灾情，却千方百计不履行镯免。"奉诏宽恤事情公然废格不行"，甚至即使镯免，却想尽办法再征税弥补损失。"奉旨镯免钱粮，肆意重复征扰"。[②]

奏请加赋。灾荒到来本应减轻赋税，积极救灾，有些官员反而奏请加赋，只为自身仕途着想，毫不顾忌黎民生死。东汉大司农（掌管全国农业的最高行政长官）谷永在上成帝策中即曾明确指出其做法的荒谬。"水灾浩浩，黎庶穷困，而有司奏请加赋，甚缪经义，逆于民心，布怨趋祸之道也。"[③]清代光绪二年（1876 年）河南发生严重旱灾，次年 8 月，河南地方官不仅未请黜缓，反而摧比征科。"逞其威断，肆意刑求"，以致灾民"卖儿胃女，以充正供，春石和泥以延喘"。[④]

侵占救灾物资。王莽末年，黄河流域旱灾连年，责赈灾的官吏盗取救灾的粮食，致使流民"饥死者什七八"。[⑤]灾害发生后，灾民逃离家园，具体数字无法统计。赈灾官吏利用这一时机虚报人数来达到多占救灾物资的目的。清代陈其元用其祖父经历揭示当时道光年间这一普遍存在侵吞赈灾物资的方式。清代道光年间（1821—1850），陈其元的先祖父在泗州（今江苏省盱眙县一带）任地方官，泗州地处泗水下游，常年遭受水患。"每年夏秋之间，城外半成泽国"，需要向朝廷申请赈灾。灾民都出去躲灾，人数无法统计，"民皆转徙，无可稽核"，一些官员就采取"悉以虚册报销"虚报人数造册方式侵占，但陈其元祖父偏偏不肯，得罪上司而罢官。"公独不肯办，触怒上

---

① [明] 申时行. 大明会典・卷 17. 江苏广陵古籍刻印社，1989.

② [明] 陈子龙. 明经世文编・卷 100. 北京：中华书局，1962.

③ [东汉] 班固. 汉书・卷 85. 北京：中华书局，1962.

④ [清] 朱寿朋. 光绪朝东华录. 北京：中华书局，1958.

⑤ [东汉] 班固. 汉书・卷 24. 北京：中华书局，1962.

官，几致参勃，遂解州事。"同僚都认为这样不肯虚报人数而丢官的做法很愚蠢。"人皆以为愚，公但笑应之而已。"①

收受贿赂。在救灾物资的发放过程中，地方官收受贿赂。救灾物资被富人侵占，而贫民得不到救济。"有私贿者，以富为贫，有素嫌者，以贫为富，稍拂其意，从重苛派，以致各处富户争向地方官求情纳贿，避重就轻，罗掘之资率归中饱"②。

勘报不实。救灾的成效关键在于清楚灾情大小、救灾人数。灾荒发生后，部分官吏敷衍了事，从中获利，而置百姓生死于不顾。常存在"轻重倒置，勘报不实"的现象。康熙皇帝为此曾经愤慨道："各州县灾伤，有司不行履亩勘实，止以虚文申报上司。抚按官据以奏闻，致有混冒。"感慨朝廷救灾给予百姓的实惠得不到落实。"朝廷虽屡行黜赈，实惠何繇及民。"③

第二节　水与吏治清明

一、治河与吏治清明

"国之安危，全系官僚之贪廉"④。水利作为农业社会国家的一件大事，兴修的成败自然也与吏治密切相关。"水利事关重大，必得实心办事之人，方有裨益。"⑤选拔出合适人才，是水利兴修取得成功的关键因素。

（一）治河中吏治清明的表现

1. 精明果敢

治河物料关系治河成败。林则徐于道光十一年（1831年）担任河东河道总督，亲自检查下属十五河厅秸料储备情况。"各垛逐查，有弊者察治，所属懔然，岁省度支无算。"这种事必躬亲，

① ［清］陈其元.庸闲斋笔记.石家庄：河北教育出版社，1996.

② 林敦奎.中国近代史上的"丁戊奇荒".百科知识，1990（12）.

③ 明神宗实录.卷142.台北：台湾中央研究院历史语言所，1962.

④ 清世祖实录·卷9.影印本.北京：中华书局，1986.

⑤ 清世宗实录·卷52.影印本.北京：中华书局，1986.

勇于任事的态度得到道光皇帝的赞赏："向来河臣，从未有如此精核者。"① 道光年间（1821—1850）曾担任东河总督的栗毓美清正廉明，殚心河务，"任事五年，河不为患。"②

2. 知人善任

治水成功最关键是用对人。"天下事莫难于治水，尤难于治今日四溃之河水，窃以为难得其人耳，得其人则以水治水无难也。"③ 东汉明帝时期王景被任命负责治理黄河。其改变以往治河简单堵缺口的方式，将治理黄河患与汴河漕运结合起来，"河为汴害之源，汴为河害之表。河、汴分流，则运道无患，河、汴兼治，则得益无穷"④，既解决了黄河泛滥冲决运河河道的问题，又解决供给汴河的水源黄河水过大易于泛滥的问题，一举两得。王景治理黄河成功，泽及后世。两汉时期河南境内黄河水患共9次，有8次发生在西汉时期，东汉时期仅有1次，而且据文献记载，是"霖雨积时，河水涌溢"，⑤并不是决口或者改道，显然也没有造成大的灾害。这很大程度上得益于东汉明帝永平十二年（公元69年）的王景治河。⑥

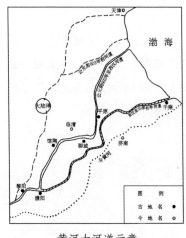

黄河古河道示意

3. 体恤百姓

州县等地方官吏日常管理工作与百姓生活密切相关。他们吏治清明与否对百姓影响最大，也影响国家安定。"其与民最亲，而贤否得失之间，动关国家之治乱者，犹在州县。"⑦北宋黄河堤坊连年溃决，黄河堤防维修常常需要征集当地百姓。为避开农忙，减少百姓负担，春季正月、二月、三月农闲时节作为施工日期。"自是岁以为常，皆以正月首事，季春而毕"。宋代经营浙西水利的官员也深明此意，总是将兴工时间尽可能地安排在农隙。如工程量大，耗时较长，宁愿休役，待

① [清]陈康祺．郎潜纪闻二笔·卷13.北京：中华书局，1984.

② [清]陈康祺．郎潜纪闻二笔·卷16.北京：中华书局，1984.

③ [清]魏源．皇朝经世文编·卷97.北京：中华书局，1992.

④ [南朝·宋]范晔．后汉书·卷76.北京：中华书局，1965.

⑤ [南朝·宋]范晔．后汉书·卷46.北京：中华书局，1965.

⑥ 张文安．两汉时期河南地区的水患及其治理与救助．河南大学学报，2008（2）.

⑦ 郑观应．盛世危言．北京：华夏出版社，2002.

来年农隙再继续进行。北宋庆历三年（1043年）十一月七日诏："宜令江淮、两浙、荆湖、京东、京西转运司辖下州军好田并河渠、堤岸、阪塘之类合行开修去处，选官计工料，每岁于二月间未农作时兴役，半月即罢。"①

在征集工程料物的过程中，不少基层官吏也能尽量做到不损害百姓的切身利益。如乾隆四十一年（1776年）尉氏县令周玑亲身赴理河工，"夫役物料俱不累民"②。嘉庆二十五年（1820年）武陟县马营坝决口，河阴需要支料百垛以应工需，知县蔡銮登"照市价收买，不分毫科派民间"③。

4. 严格官吏惩戒

吏治腐败之所以成为古代政治的一个顽疾，很大一部分原因在于严格惩罚机制并没有确立起来。官吏中饱私囊的成本低，等于纵容犯罪。宋徽宗针对都江堰岁修耗资巨大问题，加大责任追究力度。于大观二年（1108年）七月诏书："自今如敢妄有检计，大为工费，所剩坐赃论，入己准自盗法，许人告"。④多做预算责任人按坐赃罪追究责任，侵占公款按自盗罪追究责任，鼓励公开检举揭发。

清嘉庆十七年（1812年），针对河官偷工减料，质量低下的问题，嘉庆帝下旨："伤害生灵，不可数计，为患至大，一经访获，即应于河干斩枭示众，不能稍为宽宥。"⑤将偷工减料者直接处死，加大了打击力度。

（二）吏治清明对治河的影响——水患少

古代社会，农民辛勤劳作为求一饱，水旱灾害下，温饱已成问题，根本没有能力防御自然灾害。灾害到来，农民多以逃荒的方式被动应对，反而加剧了贫困，形成贫穷无力抗灾—受灾更难抗灾—更加贫穷的恶性怪圈。水旱灾害根本解决办法就是加固河堤、疏浚河道、开凿水渠等水利工程。而这些工程以人力物力投入量计算，是一件历代政府都觉得困难的事情。"至于

① ［清］徐松 . 宋会要辑稿·食货七 . 影印本 . 北京：中华书局，1957.

② ［清］刘厚滋 . 尉氏县志·卷 7. 道光十一年刻本。

③ 高廷璋 . 河阴县志·卷 14. 民国十三年石印本。

④ 郑肇经 . 再续行水金鉴·卷 82. 武汉：湖北人民出版社，2004.

⑤ 南河成案续编 . 国家图书馆藏清嘉庆二十四年刻本。

修水土之利，则又费材动众，从古所难。"① 这些工程又必须政府来做。马克思说："利用渠道和水利工程的人工灌溉设施成了东方农业的基础。……这种用人工方法提高土地肥沃程度的设施靠中央政府办理，中央政府如果忽略灌溉或排水，这种设施立刻就荒废下去"。② 一语道出中央政府对于水利建设发挥的决定作用。中央政府对水利建设发挥作用的一个重要制约因素是国家财政收入多寡。吏治清明下，税赋从下到上的上缴和社会财富从上而下的再分配过程中没有流失，国家才能富强，才能有能力兴修水利。汉武帝之初，上承"文景之治"，国泰民安，欣欣向荣。"汉兴七十余年，国家无事，非遇水旱之灾，民则人给家足，都鄙廪庾皆满，而府库馀货财。京师之钱累巨万，贯朽而不可校。太仓之粟陈陈相因，充溢露积于外，至腐败不可食。"③ 奠定兴修水利的经济基础。吏治清明下，国泰民安。社会凝聚力强，人们以更大热情投入水利兴修当中。唐代开元、天宝年间，呈现"耕者益力，四海之内，高山绝壑，耒耜亦满"④ 的局面，才取得"吏治修而民隐达，故常以百里之官而创千年之利"。⑤ 大兴水利工程，才能减少水患发生。

二、农田灌溉水利设施兴修与吏治清明

农田水利灌溉工程与百姓生活密切相关，但多数属于小型水利工程，育一方百姓，需要地方政府自行筹资，与国家防洪、航运等大型水利工程相比，费力且并不容易出政绩。但正是如此，才更能体现出官员吏治清明，为百姓谋福的品质。其中，吏治清明表现如下：

1. 勇于任事

西汉时，南阳太守召信臣曾在南阳地区大力推广水利灌溉。他"行视郡中水泉，开通沟渎，起水门提阏凡数十处，以广溉灌，岁岁增加，多至三万顷，民得其利，蓄积有余。"⑥ 在几年之内，"郡中莫不耕稼力田，百姓归之，户口增倍。"⑦ 召信臣因此被誉为"召父"。到了东汉时期，南阳水

---

① ［宋］曾巩.曾巩集·卷13.北京：中华书局，1998.

② 马克思恩格斯选集·第2卷.北京：人民出版社，2012.

③ ［西汉］司马迁.史记·卷30.北京：中华书局，1959.

④ ［唐］元结.元次山集·卷7.北京：中华书局，1960.

⑤ ［明］顾炎武.日知录·上卷12.上海：上海古籍出版社，1985.

⑥⑦ ［东汉］班固.汉书·卷89.北京：中华书局，1962.

利进入兴盛时期。杜诗任南阳太守时，"修治阪池，广拓土田，郡内比室殷足。"[1]"杜诗还发明了一种水排，加强了对水利的应用。当地人民将他与西汉召信臣并提，称"前有召父，后有杜母"。

南阳太守召信臣像

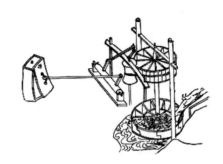
水排图

2. 有功必赏

有功必赏，对兴修水利表现突出的官吏给予升官等奖励。调动官吏兴修水利积极性，保障吏治清明。宋神宗熙宁元年（1068 年），襄州宜城令朱纮复修水渠，溉田六千顷，诏迁一官。[2]熙宁八年（1075 年），"上元县主簿韩宗厚为光禄寺丞，以宗厚兴水利溉田二千七百余顷赏之。"[3]

3. 体恤百姓

体恤百姓，最明显表现在当百姓利益与贵族官员利益发生矛盾时，地方官员在他们之间如何取舍。唐代碾硙（碾硙是用水力推动的石磨）业发达，用碾硙加工粮食，成本低，获利丰厚，很多高官显贵也在此行业牟利。用碾硙加工粮食，有一个地域的限制，需要建在水利资源丰富的地方。许多达官贵人将碾硙建在河渠中，分流水量，影响农田灌溉用水，时常发生与民争水。唐高宗永徽六年（655 年），雍州长史孙祥上奏皇帝，因为富商大贾竞相建造碾硙，使得郑白渠水量减少，过去能够灌溉四万顷田地，而今只能灌溉一万顷。建议疏导渠流，以便于百姓。唐高宗回应道："疏导渠流，使通溉灌，济及炎旱，应大利益。"肯定了孙祥的建议，派遣孙祥清理河渠上的碾硙。为保障农田灌溉用水，中国古代第一部水法唐代《水部式》也明确规定，只有在灌溉季节之外，才允许开动水碾。

① [南朝·宋] 范晔. 后汉书·卷 31. 北京：中华书局，1965.

② [元] 脱脱，等. 宋史·卷 173. 北京：中华书局，1977.

③ [宋] 李焘. 续资治通鉴长编·卷 266. 北京：中华书局，1995.

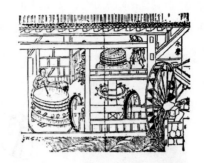

水磨

征用民夫是直接降低政府兴修水利成本的方式。丘与权在《至和塘记》中论述："役民以兴作，经费寡而售效速。"[1]但无疑增加了百姓负担，因此，一个有担当的政府应该把降低百姓负担作为一种责任。古代社会通常按人头摊派劳役，但水利工程劳役以此标准，就会造成田多、出力少而获利多，增加无田或少田普通百姓的负担，北宋政府开始尝试根据从水利工程获利多寡作为分担劳役的标准。"每遇春农之际，并仰有田分之家各据顷田多少均摊，出备工力修开。"[2]依据每家田地多少，摊牌出工量，更多水利工程向富裕家庭摊派。在一些地方，水利经费的摊派逐渐也倾向向田多人家征集。北宋庆历五年（1045年）两浙兴修水利，提点刑狱宋纯等建议筹措经费，"下本属州军，计夫料铜粮，设法劝诱租利人户情愿出备。"[3]这样既减轻了贫穷家庭的负担，富裕家庭也因为水利而获利而乐于接受。水利建设走向雇佣化，更是一个直接减轻百姓负担的好做法。唐咸通十一年（870年）刺史鱼孟威重修桂州灵渠，他在《桂州重修灵渠记》中说："不敢侵征赋，必竭其府库也；不敢役穷人，必伤其和气也。皆招求羡财，标示善价，以佣愿者。"采取雇佣办法来招募人从事农田水利兴修。水利工程兴修多安排在农闲时候。如唐元和八年（813年），南陵县（今安徽南陵县）修大农陂，"不费金刀，潜秩化工，事于农隙，三旬而毕。"这样不但减轻农民负担，还为农闲时的农民增加收入。

4. 吏治清明下农田灌溉民生工程多

吏治清明对农田灌溉水利工程促进效果，就以王安石变法为例。

北宋熙宁年间王安石变法，整顿吏治，为变法铺路。这一时期，吏治清明。在变法期间，大

---

① [明]张国维. 吴中水利全书·卷24. 上海：上海古籍出版社，1987.

②③ [清]徐松. 宋会要辑稿·食货七. 影印本. 北京：中华书局，1957.

力提倡兴修水利，开垦农田，农田水利兴修取得很大成就。为推动农田水利灌溉工程的兴修，王安石制定了《农田利害条约》，又被称为《农田水利法》。根据兴修水利工程发挥的效益，给以奖励，尤其注重对地方政府奖励，以发挥地方政府示范作用。北宋熙宁三年（1070年）八月规定：每年岁终，各地要将各地农田水利情况上报司农寺。汇报内容如下："天下水利兴修过若干处，所役过若干人功，若干兵功，若干民功，淤溉到田若干顷亩，增到税赋若干数目，农田开辟到若，生荒地土增到若干。"[①]根据兴修数量、所费人工、役使军队数量、役使百姓数量、改良和灌溉田地数量、增加田赋额度、开辟荒地亩数等，上报司农寺，以便对地方政府农田水利情况进行考核，并根据考核情况予以奖罚。对于普通民众，国家给予低息贷款扶植水利工程的建设，调动了人们兴修水利的积极性，出现了"四方争言农田水利，古破废堰悉务兴复"[②]的水利高潮局面。据《宋史·食货志》记载，只在王安石执政的六七年间，全国兴修和修复的农田水利工程就达一万零七百九十三处，溉田三十六万一千一百七十八顷。[③]当时兴修的农田水利工程以两淮、两浙地区最多，共4254项，占全国兴修工程总数的39.45%，受益农田179600顷，占全国受益农田总数的49.85%；其次为京都及其周围各路，如以淮河、汉水为界分为南北两片，则南方兴修的工程明显多于北方。当时南方14路共兴修工程9280项，占工程总数的86.06%，受益农田为215954.87顷，占受益农田总数的59.93%；北方9路加上开封府共修工程1503处，占总工程数的13.94%，受益农田144413.99顷，占受益农田总数的40.070%。[④]上述兴修农田灌溉水利工程南北差异，也充分说明南方经济已超过北方，在政府政策鼓励之下，其经济实力和活力凸显。

三、吏治清明与水旱灾害的救治

吏治清明之下，国家财力充裕，有足够资本把救灾放在重要位置。人作为灾后重建和未来建设的希望，救人成为救灾工作的第一要义，救灾时坚持以救人为本，可以说为救人不计成本。"宁使国家多费帑金，断不可令间阎一夫失所"。[⑤]甚至发运河水来缓解农田灾情。宋太宗大中祥符五

---

① [清]徐松．宋会要辑稿·职官二六．影印本．北京：中华书局，1957.

② [元]脱脱，等．宋史·卷327．北京：中华书局，1977.

③ [元]脱脱，等．宋史·食货志上一．北京：中华书局，1977.

④ 汪家伦．熙宁变法期间的农田水利事业．晋阳学刊．1990（1）．

⑤ 乾隆六年上谕，引自筹济编·卷2·报灾。

年（1012 年），淮南路滁、和、扬、楚、泗五州发生干旱，诏："发运使减运河水以灌民田。"①

救灾工作要求官员更高责任心，更高效的工作效率。"救荒如救焚，惟速乃济。民迫饥，其命已在旦夕，官司乃迟缓，而不速为之计，彼待哺之民岂有及乎？"②救灾工作的专业性和复杂性，也使得官员在日常行政工作中不易区分的责任心、组织和管理能力等素质表现出来。灾害也提供给国家机构整顿吏治、罢免和惩处不合格官员的一个机会。唐代对不及时修河堤的行为惩罚颇为严厉："诸不修堤防及修而失时者，主司杖七十"，因不及时修河堤而造成实际损失，追究相关责任人的刑事责任。"毁害人家、漂失财物者，坐赃论减五等；以故杀伤人者，减斗杀伤罪三等。谓水流漂害于人，即人自涉而死者，非。即水雨过常，非人力所防者，勿论。"③只有在自然灾害过大，而非人力所能控制的情境况下，才能免去刑事责任。水利工程耗费巨大，官员侵吞公款方式是加大工程预算，将超出部分归己所用，这无疑加大了财政支出，最后都转嫁到百姓身上，成为扰民工程。

在政府所兴修水利工程中，出于漕运便利的目的，需要对运河两岸水源进行控制利用，在运道所经过的地方，都有专门的湖来储水，老百姓称之为水柜。旱灾发生时，需要利用运河来进行救灾，相应要制定一套严格用水程序。唐代白居易在《钱塘湖石记》中谈到西湖灌溉用水官府审批流程。在干旱时候，为保证运河用水，严格控制运河水源之一西湖水用于农田灌溉，而制定出一套控制程序。"若岁旱，百姓请水，须令经州陈状，刺史自便押帖，所由即日与水。"是说干旱西湖农田用水，必须上报州衙，说明缘由，刺史押帖同意后，即日可放水。这是一个干旱用水应急措施。按照正常程序，需要一级一级上报，批准下来，需要一级一级下达。"若待状人司，符下县，县帖乡，乡差所由，动经旬日，虽得水而旱田苗无所及也。"④正常情况下办请水手续得十天左右，影响及时放水抗旱。可以看出，如果官员清明，及时放水，则抗旱救灾成功，否则便延误了救灾。救灾工作重视，在于灾后赈济。"被灾之民，死者不可复生而恤之在我，贫者不能自全而赈之在我。"⑤在救灾无知不足的情况下，招抚流民，以工代赈，缓解这一困境。如"柘西地洼下，岁被水患，知县刘作民申请开沟，募贫民，记工给谷，以寓赈济。邑民戴之，呼为永利沟"。⑥招募

① ［宋］李焘. 续资治通鉴长编・卷 78. 北京：中华书局，1995：1780.

② 林希元. 荒政丛言. 李文海，夏明方. 中国荒政丛书・第一辑. 北京：北京古籍出版社，2003：171.

③ ［唐］长孙无忌，等. 唐律疏议・卷 27. 北京：中华书局，1983.

④ ［唐］白居易. 白居易集・卷 68. 北京：中华书局，1979.

⑤ ［明］陈子龙，等. 明经世文编・卷 421. 北京：中华书局，1962.

⑥ 陈锡辂，查岐昌. 归德府志・卷 21. 郑州：中州古籍出版社，1994.

贫民开沟洫，按工作量给粮食，既能提供工役，还不至形成大量流民，是一个双赢的赈灾之举，防止了灾民变成流民，维持了社会稳定，灾民挣到工钱也有利于灾后重建家园。水利工程另一个选择的时间点是在荒年，荒年好处有两点：其一，所付河工报酬低，如范成大在《昆山新开塘浦记》中所说："按农田令甲，荒岁得杀工直以募役。"[1] 其二，以工代赈，解决灾民救济问题。[2]

第三节 水 与 朝 政 治 乱

水旱灾害不仅使百姓遭殃，而且还会影响到朝政。古人认为灾害的发生与朝臣的不称职有很大的关系，因此朝臣的任免会与灾害相连。同时，大臣们也会借灾害的发生而党同伐异，打击异己，成为改变朝政的有力武器。

一、水与宰相的罢免

宰相总揽全国政务，在封建社会中处于最高地位，在汉代，宰相就有"上佐天子理阴阳，顺四时，下遂万物之宜"的作用，当时实为宰相的三公，其燮理阴阳的职能很是清晰。《韩诗外传》卷八云："三公之德者何？曰司马、司空、司徒也。司马主天，司空主土，司徒主人。故阴阳不和，四时不节，星辰失度，灾变非常，则责之司马。山陵崩绝，川谷不通，五谷不植，草木不茂，则责之司空。君臣不正，人道不和，国多盗贼，民怨其上，则责之司徒。故三公典其职，忧其分，举其辨，明其得，此之谓三公之事。"因此古人认为，如果发生了自然灾害，除了皇帝之外，宰相也负有不可推卸的责任。

（一）汉朝的水与宰相罢免

据《后汉书·徐防传》记载，汉代最先因为灾异而被免职的宰相是东汉安帝时期的徐防。安帝永初元年（公元 107 年），汉朝接连遭受灾害，郡国普遍遭遇水灾，州县湮没，死者数以千计。同时，西羌反叛，杀掠官员和百姓。京师也淫雨不断，又有盗贼出没，损害庄稼。面对着大量的

---

① ［明］张国维. 吴中水利全书·卷 24. 上海：上海古籍出版社，1987.
② 文苑英华·卷 813. 北京：中华书局，1966.

自然和人为灾害，徐防上书陈述自己的罪过，随被免职。但是，在徐防之前，就有很多因为灾害而被免职的宰相。汉武帝元封四年（公元前 107 年），黄河泛滥，湮没了十多个郡，汉武帝就因为丞相石庆不能救灾而令其告归。后来，又有很多大臣因灾被免职。顺帝延光二年（123 年），五个郡国大雨连绵，发生水灾，太尉刘恺罢职。永建四年（129 年），五州水灾，太尉刘光、司空张皓免职。桓帝元嘉元年（151 年），京师大旱，司空张歆罢职。永寿元年（155 年），南阳发大水，司空房植免职。除了免职外，还有的官员因灾害而自杀，如成帝建始四年（公元前 29 年），御史大夫尹忠就因为黄河决口，防护无策，受到皇帝责备后而自杀。

（二）唐朝的水与宰相罢免

到了唐代，太尉、司徒、司空仍然具有"佐天子理阴阳、平邦国，无所不统"[①] 的地位，而中书令则"掌军国之政令，缉熙帝载，统和天人，入则告之，出则奉之，以厘万邦，以庶百揆，盖以佐天子而执大政者也"[②]。可见此时的宰相仍然继承了汉代宰相调理阴阳的职能，一旦发生灾害，宰相自然要受到谴责。

发生自然灾害，说明宰相没有尽到自己应尽的责任，为了消除灾害和平复舆论责难，许多宰相会提出罢职。如唐高宗时期，从永徽二年（651 年）秋天到第二年的正月一连几个月都没有下雨，唐高宗避正殿，并且发布赦免令，天下死罪以及流罪都减免一等，而徒罪一下都赦免。没几天，宰相长孙无忌也因为旱情而要求罢职，但是唐高宗没有同意。到了永徽四年，又有几个月没有下雨，宰相张行成害怕，写奏章要求退休，高宗亲自手写制书说："密云不雨，遂淹旬月，此朕之寡德，非宰臣咎。实甘万方之责，用陈六事之过。策免之科，义乖罪己。今敕断表，勿复为辞。"[③] 从皇帝的制书可以看出，唐高宗将天不降雨的责任归于自己寡德，而非宰相的责任，所以要求张行成不要辞官，最后，为了安慰他，还赏赐了张行成宫女、黄金以及其他的器物。神龙元年（705 年）秋天，大水，右仆射唐休璟提出辞职，他在辞呈中说："臣闻天运其工，人代之而为理；神行其化，为政资之以和。得其理则阴阳以调，失其和则灾沴斯作。故举才而授，帝唯其艰；论道于邦，官不必务。顷自中夏，及乎首秋，郡国水灾，屡为人害。夫水，阴气也，臣实主之。臣忝职右枢，致此阴沴，不能调理其气，而乃旷居其官。虽运属尧年，则无治水之用；位侔殷相，

<hr>

①　[北宋]欧阳修.新唐书·百官志一.北京：中华书局，1975：1184.

②　[唐]李林甫，等.大唐六典·中书省.北京：中华书局，1992：273.

③　[五代]刘昫.旧唐书·张行成传.北京：中华书局，1975：2705.

且阙济川之功。犹负明刑，坐逃皇谴。皇恩不弃，其若天何？昔汉家故事，丞相以天灾免职。臣窃遇圣时，岂敢靦颜居位。乞解所任，待罪私门，冀移阴咎之征，复免夜行之眚。"[1] 在这里，唐休璟分析了自己作为宰相不能协调阴阳以致发生大水，想要遵循汉朝"丞相以天灾免职"的先例，提出辞职，但唐中宗没有答应。

朝臣也会以自然灾害而弹劾宰相。如唐玄宗开元年间，张九龄的官职不断升高，直至中书令。但是在张九龄任宰相的前后，接连发生水旱、地震、大风等自然灾害，因此引起了朝臣的不满。山东人王冷然，虽然是一个从九品下的最低级官员，却上书对张九龄提出了批评。他首先批评张九龄位居宰相，却不能燮理阴阳，导致了灾情的发生，接着指责张九龄救火不力，致使百姓流连失所，他还谴责张九龄接受皇帝的赏赐，他要求张九龄应当推辞皇帝的各种赏赐，而向朝廷请求赈济灾民。最后，王冷然则直接要求张九龄辞去相职，让贤明之人代替他为相。[2] 天宝年间，天下水旱灾害不断，关中大饥，奸臣杨国忠因为京兆尹李岘不依附自己，于是对他进行诬陷，将水旱灾害的原因归咎于李岘，将其贬为长沙太守。

张九龄塑像

宰相还会受到一般百姓的谴责，如唐中宗景龙年间，当时宰相杨再思在位，洛阳一带连续下雨一百多天，朝廷的官员都闭坊门祈求天气放晴。杨再思在入朝的路上，碰到了一位赶着牛车的老汉。由于连续的大雨，路上泥泞不堪，牛车在路上很难行走，这位老汉十分恼怒，大声骂道："痴宰相不能调和阴阳，天下大雨，使我难以行走。"正好杨再思路过，听到了老汉的话，他派人对老汉说："是你自己的牛没有力气，你不能只埋怨宰相啊。"面对一个老汉的如此谴责身为宰相的自己，杨再思虽然生气，但也只能派人去解释。可见，在杨再思的思想中，天降大雨确实与自己这个宰相没有调理好阴阳有密切的关系，因此他只能默认老汉的谴责。因为下雨，杨再思在人间受到一般百姓的谴责，而到了阴间，他又受到了阎王的责难。据《太平广记》记载，杨再思死后，被阴间的小鬼引路到达了阎王处。阎王问杨再思在阳间的时候可曾犯过什么罪行，杨再思回答说没有。阎王不相信，于是让人取来生死簿。不多时，有小鬼取来生死簿，翻开之后，念出了杨再思在阳间的六大罪行。其中一个就是杨再思不能燮理阴阳，刑政不平，用伤和气，致使河南三郡

① ［五代］刘昫. 旧唐书·五行志. 北京：中华书局，1975.

② 李军. 灾害危机与唐代政治. 北京：首都师范大学博士学位论文，2004：76.

发生大水，死亡数千人。此事虽然不可信，但由此可见，在当时人的思想中，宰相不能调理好阴阳，处理好政事是发生灾害的重要原因，所以，到了阴间也不能放过他。

（三）宋明的水与宰相罢免

宋代宰相也有因灾而自乞罢职，如元祐二年（1087年），宰相吕公著等以时雨不继，自责而乞赐降黜。元祐五年（1090年），宰相吕大防等因时雨不足，乞罢免职任。有时，宰相自己不罢职，还会导致朝臣的弹劾，如宋仁宗时殿中侍御史何郯因大雨直接要求宰相陈执中退位，他说："为今岁灾异为害甚大，陈执中首居相位，燮理无状，实任其责，因举汉时以灾异册免三公故事，乞因执中求退，从而罢免，以答天意。未蒙施行。今霖雨连昼夜不止，百姓忧愁，岂非大臣专恣，务为壅蔽，阴盛侵阳所致。"① 何郯认为之所以出现大雨，就是因为宰相陈执中专权，因此而要求其退位。

明代人也认为大臣如果不称职就会导致灾异。明宪宗刚即位时，监察御史吴远等上奏："皇上即位以来，风雨不时，灾沴荐至，阴云累月，霪雨经旬，坏庐舍，伤禾稼。苏松、淮扬、河南、浙江、湖广、山东州县亦多灾变，推原其由，皆内外臣僚失职所致。古之大臣往往遇灾知惧，避位自责，今诸大臣方且恬不介意，乞断自宸衷策，免其尤者，仍谕吏部罢方面不职者，则天意可回，而灾异自消矣。"② 明宪宗接受了吴远等人的意见。

李贤像

明代大臣因灾而乞退者也不乏其人，成化元年（1465年）十二月，礼部的官员说"气燠失调，天不降雪"。当时的少保吏部尚书兼华盖殿大学士李贤认为此是自己的责任，乞求罢职。他说："臣切思阴阳不和，固大臣不能尽职所致，而大臣中其咎最重者惟臣一人。盖五府、六部、都察院各理其事，臣居内阁，不但专掌制敕文书，又任辅导之职，与闻国政天之降灾示变，非臣之咎而谁咎？且臣本凡庸，误蒙先帝擢用，盖彼时翰林急无老成儒臣，以臣备，数八年之间未尝自安。皇上嗣登宝位，念臣青宫随侍之旧，仍前委任，屡尝恳乞退休，未蒙矜允。况近年天象屡，水旱相仍，皆臣不职所致。前代居公孤之位者多因灾异策免，今文臣中惟臣滥叨少

---

① ［南宋］李焘. 续资治通鉴长编·卷 159. 北京：中华书局，2004：3966.

② 明宪宗实录·卷 19. 成化元年七月辛未条。

保之职，而又不为士论所取，虽无灾变，亦当罢去。况有此灾变，尚可恬然自安而不退乎？今阁不为无人，伏望皇上察臣情恳，赐臣罢归田里，则天意可回，灾变可弭而阴阳自和矣。"李贤将灾害的原因完全归在自己身上，急请退位归田，但是明宪宗没有同意，他认为此事非李贤一人之过，并下令让全体官员都修省弭灾。[①]嘉靖五年（1526 年），南北直隶、江浙一带发生旱灾，而山东、辽东发生水灾，大臣杨一清请求致仕，他说："古之人君多因灾异策免公卿，今在廷大臣无如臣老惫者，亦无如臣不职者，遇灾策免实其所宜。伏望皇上赐臣罢斥，以警庶官。然后委任忠良协心匡济。庶几大意可回，而灾变可弭。"但是明世宗没有答应杨一清的请求。

有些时候，大臣因灾乞休，皇帝也会同意，如嘉靖八年（1529 年）五月，南京都察院右都御史张琼以灾异乞休，明世宗准许；十年六月，户部左侍郎张璁、大理寺卿葛浩俱以灾异自陈乞休，明世宗也同意。嘉靖时期，最大规模的官员因灾乞休事件发生在嘉靖二十年，当时天下多水旱灾害，而宗庙又起火，烧毁了明成祖和明仁宗的牌位，许多大臣表示退位，明世宗则趁机罢免了十二人，他们是吏部尚书许赞、右侍郎欧阳铎、兵部左侍郎陶谐、刑部右侍郎王浚、工部右侍郎蒋淦、詹事府詹事兼翰林院学士陆深、大理寺卿牛天麟、太常寺少卿李开先和沈锐、通政使司参议张环和蔡文魁、顺天府府丞尤鲁。这些官员的罢免，反映了明世宗对灾害的重视态度。

二、水与朝廷斗争

因为在古人思想中，水旱灾害是与大臣的行为有联系的，一旦发生灾害，则说明大臣行为的有亏。大臣们往往会利用水旱灾害来打击政敌，此时，水旱灾害成为党争中打击异己的武器。

（一）水与唐末党争

唐朝末期的牛李党争，是指以牛僧孺、李宗闵等为领袖的牛党与李德裕、郑覃等为领袖的李党之间的争斗。在党争中，李德裕曾经利用水灾来打击牛僧孺。会昌元年（841 年），汉水发生水灾，大水冲毁了襄州城池，百姓遭殃。当时牛僧孺任山南东道节度使、同平章事，实际上带有宰相的职衔。汉水水灾本是一种自然灾害，在当时也时常发生，但是李德裕将汉水水灾归咎于牛僧孺，借用汉朝宰相因宰罢职的事例，将牛僧孺贬为太子少师。

---

① 明宪宗实录·卷 24. 成化元年十二月甲午条。

唐朝末年，大臣们为宋申锡平反，打击阉党，也是利用了水旱灾害。

唐末，宦官专权，唐文宗的祖父唐宪宗和哥哥唐敬宗都是被宦官杀死，因此唐文宗对宦官非常痛恨，就想除掉宦官集团。此时掌权的太监为王守澄，后来，郑注攀附王守澄，他们公开扰乱朝纲，卖官鬻爵，收受贿赂，大兴土木，私造豪华宅第，给国家和百姓带来了巨大灾难。

唐文宗为了除掉宦官集团，就必须利用朝中官员，为此他提拔了韦处厚、路隋、李德裕、牛僧孺为宰相，但是他们互相争斗，唐文宗认为也不可靠。于是他找到了性格耿直、并不结党营私的宋申锡，让他负责铲除王守澄宦官集团。太和四年（830年）宋申锡任尚书左丞，随后任同中书门下平章事，实际相当于宰相。

为了扩大铲除宦官集团的实力，宋申锡推荐王璠任京兆尹，秘密向王璠透露了唐文宗要诛杀郑注的计划，并让他带着唐文宗的密旨前去逮捕郑注。不料王璠却将密旨送给了王守澄，王守澄得知消息后，赶紧告诉了郑注，郑注有了准备，没有被逮捕。

太和五年（831年）二月，唐文宗又给宋申锡密旨，让他除掉王守澄，王璠知道后，又将消息告诉了郑注，郑注将此事通知了王守澄。王守澄和郑注十分害怕，他们就想密谋除掉宋申锡。于是，郑注指使神策军将领豆卢著诬指宋申锡和漳王李凑图谋推翻文宗，立李凑为帝。当王守澄将豆卢著的弹劾报告给唐文宗时，唐文宗信以为真，立即下令调查此事。王守澄希望神策军立刻将宋申锡灭门，但被内官马存亮制止。唐文宗也立刻下令召集所有的宰相商议此事。当宋申锡、路随、李宗闵、牛僧孺都来到宫门时，一个宦官说宋申锡不在被召之列。宋申锡便知道自己一定是获罪了，用笏板敲头，回家待罪。当他回府时，夫人说："你是宰相，位极人臣，为什么要背叛天子而谋反呢？"宋申锡答："我承蒙皇上厚恩，当上宰相，不能锄奸臣乱党，反被罗织罪名陷害，夫人看我宋申锡像是谋反的人吗？"于是夫妇一同哭泣。

其余三位宰相在延英殿见了文宗，看了王守澄的奏报，也震惊了，一言不发。同时，唐文宗命王守澄逮捕豆卢著所指控的同谋者漳王的宦官晏敬则和宋申锡的侍从王师文。晏敬则被抓，王师文逃走。两天后，宋申锡被贬为太子右庶子。没人敢公开说他是被诬告的，京兆尹崔琯、大理卿王正雅奏请审案。经过审讯，晏敬则称宋申锡事先派王师文联络漳王，商议谋反。审理完毕后，唐文宗召集群臣询问意见。崔玄亮、李固言、王质、卢均、舒元褒、蒋系、裴休、韦温都乞求唐文宗重新和宰相商议，并由适当的部门来调查，被唐文宗拒绝。崔玄亮下跪，哭着说："处决一个百姓要谨慎，处决一个宰相更要谨慎。"唐文宗怒气稍解，重新召集宰相。牛僧孺说："位极人臣无非宰相，宋申锡已经是宰相，就算谋反成功，他仍然只能是宰相，他谋反图什么呢？他肯定没有谋反。"郑注担心再次调查会让真相大白，于是建议王守澄不再坚持处死宋申锡，改为流放。

于是，漳王李凑被贬为巢县公，宋申锡贬为开州司马。据说宋申锡任相期间，拒绝了全国各地的贿赂，当他被抄家时，能抄到的只有他收到和拒绝贿赂的文书，很多人都为他被流放而伤心。宋申锡被终身禁止返回长安。太和七年（833 年），他在开州任上去世，文宗允许把他的尸体运回长安安葬。

太和八年（834 年），天下大旱，几个月没有下雨，唐文宗下诏求致雨之方。司门员外郎李中敏上奏说："现在天下大旱，并不是因为皇帝没有圣德，而是因为宋申锡的冤案所致。郑注为奸邪之人，现在求雨的良方莫过于杀了郑注而为宋申锡昭雪。"这是因为灾害而上书进行斗争的典型事例。由于当时郑注权倾朝野，唐文宗对其也十分信任，并未对郑注治罪。虽然李中敏的上奏没有发挥作用，但从这件事可以看出，灾害可以成为大臣弹劾权臣的有力武器。连年后，郑注改变立场，帮助唐文宗铲车阉党，在甘露之变中被杀，宋申锡得以平反，追复正议大夫、尚书左丞、同中书门下平章事、上柱国，赠兵部尚书，谥号文懿。他的儿子宋慎微被任命为城固县尉。

（二）水与王安石变法的失败

北宋王安石变法的失败与当时的灾异特别是水旱灾害有着密切的关系。与其他士大夫信奉"天人感应"不同的是，王安石一开始就不相信这一套理论。而且支持其变法的"天变不足畏，祖宗不足法，流俗之言不足恤"三不足精神中，首要的就是"天变不足畏"，表明了他对"天人感应"理论的批判。王安石曾撰写《洪范传》来批判汉代儒学家对"狂恒雨若"、"僭恒旸若"等语句的错误解释。他对其弟子出"策问"题目时，也曾针对以上两句进行辩驳。他认为："《洪范》之陈五事……如其休咎之效，别予疑焉。……必如《传》云：'人君行然，天则顺'之以然，其固然耶？'僭常旸若，狂常雨若'，使'狂'且'僭'，则天如何其'顺'之也？尧汤水旱，奚尤以取之耶？"王安石的意思是：汉儒对《洪范》的那种善行招福、恶行招灾的解释，是颇有问题的。如果承认他们的天人感应之说，人君的行为过于僭越了就会招致旱灾，过于狂妄了就会招致水灾，那么，假如人君兼有僭越和狂妄这两种失德，天将如何作出反应？而且，尧和汤都是儒家称颂的古代圣王，然而尧时有连续九年的水灾，汤时有连续七年的旱灾，尧、汤究竟犯了什么严重罪行而惹来这样巨大的灾祸呢？王安石的批评可谓有理有据，入木三分。[①]

但是，宋代占主流的还是"天人感应"的灾异观，所以变法的反对派将灾害都归咎于王安石

---

① 邓广铭.北宋政治改革家王安石.上海：三联书店，2009：97.

的变法，以此来反对王安石的变法措施。

熙宁二年（1069年）六月，御史中丞吕诲就上书弹劾王安石，他说："臣究安石之迹，固无远略，唯务改作，立异于人。……方今天灾屡见，人情未和，惟在澄清，不宜挠浊。如安石久居庙堂，必无安静之理。"①吕诲的意思很明显，即天灾皆因王安石引起，必须将其罢职，方能消灾。第二年正月，翰林学士范镇也上书批评王安石，他认为："乃者天雨土，地生毛，天鸣，地震，皆民劳之象也。惟陛下观天地之变，罢青苗之举，归农田水利于州县，追还使者，以安民心而解中外之疑。"②范镇将矛头直指青苗法和农田水利法，要求必须罢黜两法才能消灾安民。

从熙宁六年（1073年）冬天到第二年春天，久旱不雨。在熙宁七年的三月中下旬内，当翰林学士韩维在延和殿朝见时，宋神宗向他说道："久不雨，朕夙夜焦劳，奈何？"韩维说："陛下忧悯旱灾，损膳避殿，此乃举行故事，恐不足以应天变。《书》曰'惟先格王，正厥事'。愿陛下痛自责己，下诏广求直言，以开壅蔽；大发恩命，有所蠲放，以和人情。"过了几天，又言："近日畿内诸县，督索青苗钱甚急，往往鞭挞取足，至伐桑为薪以易钱货。旱灾之际，重罹此苦。夫动甲兵，危士民，匮财用于荒夷之地，朝廷处之不疑，行之甚锐，至于蠲除租税，宽裕逋负，以救愁苦之良民，则迟迟而不肯发。望陛下自奋英断行之。"

韩维的奏章首先说仅仅"举行故事，不足以应大变（指久旱言）"；其次则说青苗之法害民，应该罢除；说不应该把财货浪费在招讨西蕃的军事上。针对这些问题，他力劝宋神宗下罪己诏，广求直言。此后，韩维又一次上书重申。经韩维这样再三陈请，宋神宗就指令他起草诏书，于七年三月二十八日发布，全文为：

> "朕涉道日浅，晻于致治，政失厥中，以干阴阳之和。乃自冬迄今，旱暵为虐，四海之内，被灾者广。间诏有司，损常膳，避正殿，冀以塞责消变，历月滋久，未蒙休应。嗷嗷下民，大命近止。中夜以兴，震悸靡宁。永惟其咎，未知攸出。意者朕之听纳不得于理欤？狱讼非其情欤？赋敛失其节欤？忠谋谠言郁于上闻，而阿谀壅蔽以成其私者众欤？何嘉气之久不效也？应中外文武臣僚，并许实封言朝政阙失，朕将亲览，考求其当，以辅政理。三事大夫，其务悉心交儆，成朕志焉。"

大臣们的上奏，加上连年的灾害，支持王安石变法的宋神宗也有了动摇，以上的诏书就说明

---

① ［北宋］吕诲.论王安石疏.北京：商务印书馆，1937.

② 历代名臣奏议·理财门.台北：台湾学生书局，1962.

了宋神宗已经走到了王安石的对立面。熙宁七年，宋神宗因为旱灾而经常闷闷不乐，每当有大臣进见，都和他们谈论起旱灾，无不叹息悲伤，因此想要罢黜保甲法和方田法。王安石进谏说："水旱常数，尧、汤所不免。陛下即位以来，累年丰稔；今旱暵虽逢，但当益修人事以应天灾，不足贻圣虑耳。"宋神宗曰："此岂细故，朕今所以恐惧如此者，正为人事有所未修也。"[①]可见宋神宗已经对王安石的变法进行了否定。

接着，司马光、郑侠、滕甫等人相继上书，奏陈天变，要求废除新法。监安上门郑侠上书的时候，绘制了他所见到的流民扶老携幼的悲惨景象，并将图献给宋神宗，说："旱由安石所致。去安石，天必雨。"最后，慈圣、宣仁两位太后哭着对神宗说："安石乱天下。"宋神宗于是将王安石罢为观文殿大学士，知江宁知府。

（三）水与元朝党争

元朝也有因灾而引起朝臣的相互攻击。元仁宗时，中书省右丞相铁木迭儿到处搜刮民脂民膏，还引起了农民起义，但是他得到皇太后答已的支持，反而地位不断上升。因此，御史台的官员都将矛头指向了铁木迭儿。正好当时连年发生水旱灾害，为御史台攻击铁木迭儿提供了契机。延祐二年（1315年）正月，御史台的官员就上奏说："比年地震水旱，民流盗起，皆风宪顾忌失于纠察，宰臣燮理有所未至。或近侍蒙蔽赏罚失当，或狱有冤滥赋役繁重，以致乖和。宜与老成共议所由。"也有的官员直接将旱灾归于丞相燮理阴阳失调，认为旱灾是"燮理非其人，奸邪蒙蔽，民多冤滞，感伤和气所致"。元仁宗下令集体讨论，平章李孟说："燮理阴阳的责任，只在我身上，我请求罢职，让贤明的人来担此任。"平章忽都不丁对御史台的责难很是不满，他说："御史台的官员不能明察奸邪，议论朝政，怎么还诘难他人呢？"一时间，朝廷一片哗然。官员刘正则出面说："御史台、中书省本是一家，都为朝廷效力，应当择善而行，怎么还分彼此呢。"结果，此事并没有发挥作用，铁木迭儿的地位并没有动摇。到了延祐五年（1318年），铁木迭儿被御史杨朵儿只、萧拜住等人弹劾罢相。但不久，起复太子太师。

元仁宗去世后，铁木迭儿以私怨杀平章萧拜住、御史中丞杨朵儿只、上都留守贺伯颜，一时间，朝中大小之臣，不能自保。至治二年（1322年），发生地震和大风灾害，元英宗下令群臣集议弭灾之道，集贤大学士张珪说："要想弭灾必须先要纠察引起灾害的人，汉朝冤杀一个孝妇，三年不下雨，萧拜住、杨朵儿只、贺伯颜等人被冤杀，难道不是灾难的根源吗？当然，死者不能再生，

---

① ［南宋］李焘．续资治通鉴长编·卷252．北京：中华书局，2004．

但是情义仍然可以昭白，朝廷应当为他们昭雪。"可见张珪的建议主要是利用灾害为萧拜住等人平反，但是此时铁木迭儿已经死去，而太皇太后答己尚在，元英宗没有办法，只得不了了之。[①]

三、水与权臣的败亡

在中国历史上，有许多权臣权倾朝野，只手遮天，就连皇帝也惧其三分。朝臣想要搬倒他们非常困难，但有时朝臣们会巧妙地利用水旱灾害来弹劾权臣，往往会取得成功。

（一）水与汪直西厂的废置

明朝成化时期，明宪宗崇信宦官汪直，成化十三年（1477年）成立了一个专门的特务机构，因原来有东厂，故名为西厂，由汪直统领，其权力和人数大大超过了锦衣卫和东厂。西厂成立后，汪直屡兴大狱，逮捕官员，有的先下狱再上奏，冤死者无数。

明宪宗像

汪直的倒行逆施激起了朝臣的反对，加上水旱灾害频发，大学士商辂趁机上了著名的《请革西厂疏》。

商辂的奏章首先肯定了明宪宗的政绩，指出虽然水旱灾害频发，但是由于政法得当，百姓并没有起来反抗。其次他认为自从汪直掌权之后，社会各界都人心不安，出现了"商贾不安于市，行旅不安于途，士卒不安于伍，庶民不安于业"的景象。所以，社会中还存在隐藏的危机，汪直的爪牙韦瑛等人更是胡作非为，残害官员。因此他要求革去西厂，罢职汪直，韦瑛等人交给司法机关进行审讯，严惩不贷。

明宪宗看到奏章之后，大发雷霆，说："一个小小的太监怎么能够危害天下呢？"于是让太监怀恩传旨严加斥责。商辂据理力争，说："按朝廷法度，朝臣无论大小，有罪都要请旨处理，但是汪直竟然敢私自逮捕三品以上京官。大同、宣府，皆是边防要塞，守备一日不可或缺，汪直则一日之内连逮数人。南京为祖宗根本重地，留守大臣也被汪直逮捕。宫内的近侍，汪直私自更换。不罢黜汪直，国家怎么能安定。"怀恩将此话告诉了明宪宗，明宪宗听后，觉得商辂所言不可辩驳，只得罢革西厂，令汪直回御马监，韦瑛等人调到边卫，并遣散了诸旗校。

---

① 陈高华.灾害与政治：元朝应灾议（谏）政初探.北京联合大学学报，2010（4）.

明宪宗罢革西厂完全是无奈之举，他对汪直依然宠信。有御史戴缙，九年考满后不得升用，他探知西厂虽然革除，但是汪直依然受宠，于是他为了讨好汪直，夤缘仕进，就假借灾异上书皇帝，歌颂汪直的功德。他说："近年以来，灾变荐臻。伏蒙皇上谕两京人臣同加修省。夫何训诰彰彰，而听之藐藐。未闻大臣进何贤才，退何不肖，以固邦本。亦未闻群臣革何宿弊，进何谋犹，以匡治理。惟太监汪直缉捕杨华、吴荣等之奸恶，高崇、王应奎等之赃贪。又如奏释冯徽等冤抑之军囚，禁里河害人之宿弊。是皆允合公论，足以服人，而普众者也。奈其部下官校韦瑛等不体圣心，张狂行事，已得大臣奏蒙俞允，即将西厂革罢。又以见皇上此心，即古帝王从谏如流之盛心也。伏望皇上推诚仟人，及时修政务，伸宿弊革于下，善政清于上，然后天意可回。"另一个御史，名为王亿，他竟然说"汪直所行不独可为今日法，且可为万世法。"奴颜婢膝的丑态表露无遗。明宪宗得知后，很是高兴，不多时就重新设立了西厂，并将商辂等人罢官。

商辂像

西厂的罢黜和重新设立充满着朝臣之间的斗争，在此过程中，他们往往利用灾害来作为斗争的武器，反映了灾害对于政治斗争的重要作用。

（二）水与严嵩的倒台

明朝中后期，内阁大臣之间互相倾轧，有时候也是利用灾害来攻击自己的政治对手。嘉靖时期，内阁大学士夏言和严嵩就因争夺首辅闹得不可开交。嘉靖二十六年十一月，时任总督陕西三边军务的曾铣提出了收复河套地区的方略，得到了明世宗的赏识，而当时夏言也支持曾铣。不料后来明世宗改变主意，正在此时陕西遭遇灾害，风沙大作，严嵩趁机弹劾夏言，认为复议河套是误国大计，夏言支持曾铣是淆乱国事。结果曾铣被逮，夏言也被勒令致仕，严嵩坐上了首辅的宝座。

严嵩上台之后，利用自己的权力，与其子严世蕃大搞卖官鬻爵、贪污受贿，当时吏部和兵部都被严嵩把持，操纵着文武官员的任免，如果送上黄金数百，就可以任意选择任职的地方，一时间，文武将吏尽出其门。严嵩还贪污军饷，朝廷征发的粮饷用于边防的只有十分之四，而其余十分之六都归严嵩所有，当时严嵩的家人严年的资产也达到数十万之多。严嵩还打击异己，先后用阴谋杀害了弹劾他的沈炼和杨继盛。严嵩的擅权和不法行为渐渐引起明世宗的不满，这时徐阶出现了。

徐阶曾经得到夏言的推荐，所以严嵩非常忌恨他。但是因为严嵩掌权，徐阶并未表露出对严嵩的不满，反而小心地迎合严嵩。同时徐阶又在明世宗面前，非常用心，逐渐得到了明世宗的信任，升任礼部尚书兼东阁大学士，参与朝廷机务。而严嵩因为擅权太久，朝廷之内大多是其门人，明世宗逐渐疏远了严嵩，反而亲近徐阶。

嘉靖四十年（1516年），明世宗所居住的永寿宫发生火灾，只得搬到玉熙殿居住，玉熙殿过于狭小，明世宗想要重新建造宫殿，于是他征求严嵩的意见，但是严嵩没有支持明世宗，反而让明世宗搬到南宫居住。南宫是当年景泰帝囚禁明英宗的地方，因此，明世宗十分不满。后来他又征求徐阶的意见，徐阶则支持营造新宫，明世宗非常高兴，于是对徐阶日加信任，军国大事都开始咨询徐阶，而召集严嵩的时候，只不过谈论斋醮符箓之类的小事。不久，道士兰道行厌恶严嵩，假借扶乩之言揭发严嵩罪状。明世宗问："如果真是这样，你为何不诛杀他？"兰道行又假借仙言，说："留着陛下自己将其诛杀。"一向迷信道教的明世宗此时心里大为所动。

徐阶像

嘉靖四十一年（1517年），全国各地水旱灾害频发，边疆不稳。此时徐阶授意御史邹应龙弹劾严嵩。邹应龙在奏章中写道："今天下水旱频仍，南北多警，民穷财尽，莫可措手者，正由世蕃父子贪婪无度，掊克日棘，政以贿成，官以贿授。凡四方大小吏，莫不竭民脂膏，剥民皮骨，外则欲应彼无厌之求，内则欲偿已买官之费，如此则民安得不贫？国安得不竭？天人灾警安得不迭至也？臣请斩世蕃首，悬之藁竿，以为人臣凶横不忠孝者之戒；其父嵩，受国厚恩不思图报，而溺爱恶子，播弄利权，植党蔽贤，黩货敗法，亦宜亟令休退以清政本。"[1] 明世宗看到奏章后，下令严嵩致仕，严世蕃被边远充军，接着徐阶成为内阁首辅，邹应龙升为通政司参议。

（三）水与鳌拜的倒台

清康熙六年（1667年），京师附近大旱。当时康熙皇帝年幼，顾命大臣鳌拜专权，权倾朝野，皇帝基本被架空。因为大旱，康熙皇帝下诏求直言，弘文院侍读熊赐履上万言书，曰："民生困若

---

[1] 明世宗实录·卷509.嘉靖四十一年五月壬寅条。

孔亟，私派倍于官征，杂项浮于正额。一旦水旱频仍，蠲豁则吏收其实而民受其名，振济则官增其肥而民重其脊。然非独守令之过也，上之有监司，又上之有督抚。朝廷方责守令以廉，而上官实纵之以贪。方授守令以养民之职，而上官实课以厉民之行。故督抚廉则监司廉，守令亦不得不廉。督抚贪则监司贪，守令亦不得不贪。此又理势之必然者也。伏乞甄别督抚，以民生苦乐为守令之贤否，以守令贪廉为督抚之优劣。督抚得人，守令亦得人矣。虽然，内臣者外臣之表也，本原之地则在朝廷。其大者尤在立纲陈纪、用人行政之间。"熊赐履之言民生困苦的根本原因就是朝廷的合理政令不能推行，上级官员用非其人，不能以身作则，导致了下级官员上行下效。而发生这些问题的原因则是在朝廷内部，即所谓"立纲陈纪，用人行政"。因为当时是鳌拜掌权，熊赐履实际上针对的就是鳌拜，认为其混乱了朝纲，导致朝廷上下贪污成风，民生困苦。接着，熊赐履又列举了当时朝廷的一些流弊。如"政事极其纷更，而国体因之日伤也"、"职业极其隳窳，而士气因之日靡也"、"学校极其发驰，而文教因之日衰也"、"风俗极其僭滥，而礼制因之日坏也"，而要解决这些问题，关键在于皇帝，即"根本切要，端在皇上"。他认为："皇上生长深宫，春秋方富，正宜慎选左右，辅导圣躬，熏陶德性，优以保衡之任，隆以师傅之礼。又妙选天下英俊，使之陪侍法从，朝夕献纳。毋徒事讲幄之虚文，毋徒应经筵之故事，毋以寒暑有辍，毋以晨夕有间。于是考诸六经之文，监于历代之迹，实体诸身心，以为敷政出治之本。若夫左右近习，必端其选，缀衣虎贲，亦择其人。佞幸不置于前，声色不御于侧。非圣之书不读，无益之事不为。内而深宫燕闲之间，外而大庭广众之地，微而起居言动之恒，凡所以维持此身者无不备，防闲此心者无不周，主德清明，君身强固。由是直接二帝三王之心法，自足措斯世于唐、虞、三代之盛，又何吏治之不清，民生之不遂哉？"也就是说，皇帝一方面要虚心学习，通晓六经及历史，另一方面要选择贤明之人任官，他还希望皇帝"君身强固"，很明显即是要改变鳌拜专权的局面，皇帝自己主政。

熊赐履的上疏招来了鳌拜的痛恨，他要求年轻的康熙皇帝以"妄言之罪"处罚熊赐履，康熙皇帝没有同意。但是熊赐履的奏章产生了很强的舆论作用，不久后，鳌拜败亡。[①]

（四）水与朝臣对李莲英的弹劾

光绪年间，太监李莲英受到慈禧太后的宠信，日益骄纵，醇亲王奕𬤊检阅海军，李莲英跟随。御史朱一新认为李莲英作为太监，竟然跟从醇亲王一起检阅海军，不合朝廷法度。而此时正好山

① [民国]赵尔巽.清史稿·熊赐履传.北京：中华书局，1977：9891-9893.

东黄河决口，北京、山西、四川、福建等地又发生水灾，于是朱一新趁此机会，以遇灾修省为名上疏："我朝家法，严驭宦寺。世祖宫中立置牌，更亿万年，昭为法守。圣母垂帘，安得海假采办出京，立寘重典。皇上登极，张得喜等情罪尤重，谪配为奴。是以纲纪肃然，罔敢恣肆。乃今夏

李莲英像

巡阅海军之役，太监李莲英随至天津，道路哗传，士庶骇愕，意深宫或别有不得已苦衷，匪外廷所能喻。然宗藩至戚，阅军大典，令刑余之辈而厕乎其间，其将何以诘戎崇体制？况作法于凉，其弊犹贪。唐之监军，岂其本意，积渐者然也。圣朝法制修明，万无虑此。而涓涓弗塞，流弊难言，杜渐防微，亦宜垂意。从古阉宦，巧于逢迎而昧于大义，引援党类，播弄语言，使宫闱之内，疑贰渐生，而彼得售其小忠小信之为，以阴窃夫作福作威之柄。我皇太后、皇上明目达聪，岂有跬步之地而或敢售其欺？顾事每忽于细微，情易溺于近习，侍御仆从，罔非正人，辨之宜早辨也。"朱一新遍数历代宦官专权的危害，还列出了顺治皇帝禁止太监干政的牌子，意思是要防太监权力过大。朱一新的奏章到了慈禧太后手里，慈禧看了，非常生气，下令责难朱一新，并将其贬为主事。①

综上所述，在天人感应思想的影响下，水与朝政的治乱有着密切的关系。一方面朝臣可以借水旱灾害批评朝政，弹劾不职官员，保证政治清明；但另一方面还会借此党同伐异，使得朝政更加混乱。

---

① ［民国］赵尔巽．清史稿·朱一新传．北京：中华书局，1977：12463.

第六章

关乎国计民生的治水事业

第一节　中国古代的防洪抗旱活动

中国古代在统一的中央集权产生之前，防洪抗旱活动一直处于局部有组织，整体无序化的状态。局部有组织充分表现在春秋战国时期，各诸侯国为在争霸中获胜，加强了各自领地内的水利工程建设。秦国最早在关中修建的著名工程——郑国渠，全长 300 余里，灌溉面积 4 万余顷。另一项大型引水枢纽工程——都江堰水利工程，是世界水利史上最长、最悠久的无坝引水工程，堪称为世界水利史上最环保水利工程的典范，它同时具有灌溉、防洪、水运、城市供水等多种功能，使川西成都平原成为"水旱从人，不知饥馑，沃野千里"的"天府之国"。

《战国策·西周策》中"东周欲为稻，西周不下水"的记载说明了整体无序化的状态一直持续到战国时期也未有大的改观。各诸侯国从狭隘的地区利益出发，当发生旱灾时，诸侯国把持水源，据为己有。当有水灾时，将洪水排泄到其他地区。《汉书·沟洫志》记载当时的情形是"壅防百川，各以自利"。这说明要从根本上扭转地区间水利活动毁人利己的行为，必须出现一个超越地区间的代表共同利益的组织机构，以其权力来协调管理水利活动。这是中国古代产生中央集权的原因之一，事实也证明了这一点。《史记·秦始皇本纪》记载，秦始皇统一全国后，开始站在全国利益的立场上处理水利事务，下令"决通川防，夷去险阻"。

西汉武帝时期，中央大力发展了关中农田灌溉事业，先后开凿了漕渠、河东渠、龙首渠、六辅渠、白渠、灵轵渠、成国渠等。针对黄河水患严重，堤防频繁溃决。元封二年（公元前 109 年），汉武帝东巡，恰逢瓠子（今河南濮阳市西南）决口，亲眼看到了黄河泛滥造成的灾害。第二年他委派汲仁、郭昌二人带领数万兵民堵塞了瓠子决口。同时，为了减缓洪水暴涨时对瓠子口形成的压力，又挖掘两条渠道，将黄河水向北引导，使之流入大禹治水时的旧道。从此以后的 80 年间黄河再未发生过大洪水。汉代时，新疆地区还针对干旱少雨、蒸发量大的气候特点，发明了坎儿井，利用暗渠截取地下潜流进行农田灌溉和供人畜饮用。

唐朝从开国至开元天宝年间，据统计关内道（包括今陕西的中部、北部，甘肃的东部，宁夏及内蒙古河套地区）共修建水利工程 25 处，有具体年份的 23 处，其中 13 处是天宝十三年以前兴修的。著名的灌溉工程有京兆府（长安）、三白渠（太白、中白、南白）、六门堰等；东都洛阳周围水利工程有 17 处，其中天宝十三年（754 年）以前建成的有 10 处，对古老的河内灌区，唐代多次整修；河东道（今山西晋中和晋南）有水利工程 17 处，其中 16 处是天宝十三年以前兴修的。著名灌溉工程有太原晋渠、文水县栅城渠、闻喜县沙渠等；唐代著名战将郭子仪在任灵武郡太守时，主持开凿了御史渠，灌地2千多顷，当时为宁夏河套平原诸渠之首。[①]

宋代的农田水利工程在数量、效益等方面都取得了显著的成绩，不但增加了垦田面积，而且还改善了土质，促进了农业经济的发展。首先，这一时期"水利设施分布广泛、因地制宜、各具特色。平原地区修建引水灌溉工程和实行淤灌实践；江南地区侧重于圩田水利的整体性治理；东南沿海大力发展拒咸蓄淡工程和修筑海塘；丘陵山地多筑塘堰引灌"。同时注重发挥水利工程的整体效益，如福建莆田的木兰陂的捍潮蓄淡工程，"设有斗门堰闸作为水量调节和控制系统，以发挥拦洪、蓄水、排涝、灌溉以及冲刷咸卤等多种功能"。[②]

元朝统治时间虽然不足百年，但是对于水利事业非常重视。世元祖重用水利专家郭守敬、王允中等在北方地区修建陂塘，广兴屯田。西自甘肃瓜沙，东至渤海沿岸，都有引水灌溉农田的水利工程，农业生产因而得到恢复与发展。在南方地区，特别是对太湖流域的水利灌溉事业不断兴举，如疏浚河湖、建筑围岸、修造闸堰，抗御水旱灾害，也使"苏湖熟、天下足"的情况有了进展。[③]此外，元初赛典赤为云南地方长官时，于至元十三年（1276年）大兴滇池水利，疏浚螳螂川浅滩，增大了滇池的调洪能力，涸出耕地万余顷；又修建松华坝，控制盘龙江的洪水；开挖金汁河，灌溉昆明坝子农田。还在注入滇池的其余诸河上建闸开渠，发展灌溉事业，其水利效益延续至今。

明清时期，中国农田水利在前代积累的水利技术和成果的基础上，许多方面都有了长足的发展。如东南沿海海塘工程技术的进步与围涂垦殖面积增加；北方陂渠水利的维修和井泉灌溉的发展；畿辅地区水利营田工程也取得了一定的成效。长江中下游地区的圩田有了较大发展，尤其以洞庭湖、鄱阳湖和皖北沿江一带最为兴盛。如洞庭湖地区明代276年中，共筑堤33处，建垸134座，其中60%以上修建在于明代中后期。到了清代，经过康熙、雍正、乾隆三朝的持续围垦，环绕洞庭湖周围的垸田多达500余区。乾隆年间湘阴一带，就有圩垸65座，合计垸田167000余亩。[④]这一时期中国西北地区的农田水利建设也有了很大发展，如明代在河套地区建成八大渠，灌溉良田100多万亩；清朝时，宁夏府灌溉面积达210多万亩。但是明清统治者最关心的还是水利三件大事（漕运、灌溉和防洪）中直接关系到都城安危和政权巩固的漕运事业。

---

① 张烨.唐玄宗治水与开元盛世.文博，1999（2）.

② 孙金玲.宋代的农田水利事业及启示.农业考古，2013（1）.

③ 金曰寿.元代的水利建设.历史教学，1962（10）.

④ 汪家伦，张芳.中国农田水利史.北京：农业出版社，1990：380.

第二节 运河的开凿

运河，是指承担运输任务的天然或人工开凿的河流。在自然力作为主要能源的古代，陆路运输物资主要靠人力和畜力，由于受当时的陆道修建水平所限，相对于水路运输来说有诸多不便，而运河则较为省力和便捷。

我国古人开发利用运河的历史非常悠久，在传说时代已可窥其端倪。相传尧、舜时期，"汤汤洪水方割，荡荡怀山襄陵，浩浩滔天"。[①] 著名的大禹治水的故事曾说为了查清天下水道水情，大禹曾泛舟至余杭，据说余杭地名的就是由禹杭转化而来的。商代的甲骨文中已经有"夕"的图像和关于舟的占卜记录。《周易·系辞》曾有"刳木为舟，剡木为辑"的记载。1958年，我国考古工作者在江南太湖流域的湖州市钱山漾出土了大量文物，其中有一支用青岗木制成的船桨，其桨翼长达96.5厘米。据测定，距今已有4700多年。同年，又在与无锡县相邻的武进县境内出土了长11米，宽90厘米的独木舟，是用一整段大树木挖空而成的。1958年，江苏武进县出土3条独木舟，据考证是春秋战国时的独木舟，长11米、宽0.9米、深0.4米，现存中国历史博物馆。从以上船桨和独木舟的制作水平和工艺来看，将舟作为运输工具进行水上运输的活动已经开始普遍。这是关于人类进入运河时代的确凿证据。但是这一时期很可能更多的是利用天然河道的运河。我国目前关于运河史研究的集大成者稽果煌先生于2008年出版了《中国三千年运河史》一书，该书对三千年来运河开挖史的研究全面而翔实。下文主要参考该书对我国三千年运河开挖史进行简单概述。

一、先秦时期的运河

太湖流域地区最古老的人工河道之一是太伯渎，亦称泰伯渎。民国时期的学者武同举先生曾说："证诸历史，最古为泰伯渎"。[②]据《史记》《越绝书》《吴越春秋》等记载，太伯是周朝太王的长子，为了让幼弟季历继承王位，他毅然率二弟仲雍逃到勾吴。对于此事孔子曾高度赞扬太伯说："泰伯，其可谓至德也已矣。"到了今天无锡市东南梅村一带定居后，太伯继承和发扬了其先祖从事农业生产的传统，开掘了一条连接无锡和苏州，穿越梅村（古称梅里）的太伯渎，它是一条灌溉兼通航的运河。后经历代不断重修，至今尚存，被称为伯渎港，与江南河相通，并且可以通航。

---

① 李民，王健.尚书译注.上海：上海古籍出版社，2004：7.

② [民国] 武同举.江苏水利全书·卷31.太湖流域一·历史举要.南京水利实验处1950年印。

伯渎港西起无锡城南运河清名桥畔，东至望虞河、漕河，全长 24.14 公里。①有学者认为太伯渎是我国最早开凿的运河。但从商周时期中国东南地区的生产力水平，以及关于太伯渎的记载直到唐朝时才出现这两点来看，太伯渎很可能是后人为纪念和缅怀太伯这位开创吴国的先贤附会上去的，不应当成信史看待。

西周时期徐偃王开凿的陈蔡运河是我国在中原地区开凿的最早的一条运河。据《水经注·济水》引刘成国《徐州地理志》记载："偃王治国，仁义著闻，欲舟行上国，乃通沟陈蔡之间。"西周时期徐国君主徐偃王控制了 36 个小国，与周王室对峙。他开凿运河沟通陈国都城淮阳与蔡国都城上蔡之间的水系，使从淮阳到上蔡可通过水路横穿淮河直接抵达，以便对所管辖地区的巡视和控制。

伯渎河和清名桥

春秋战国时期出现了我国历史上运河开凿的高潮。随着铁制工具开始出现和使用，农业产量提高，冶铁、造船、制陶等手工业水平也相应发展。农产品和手工业的发展为商业发展奠定了基础，也促进了水上运输业的发展。这也为各诸侯国在礼崩乐坏之后的争霸提供了物质和技术条件。当时为了在争霸中获胜，各诸侯国充分利用国内水道来运送物资和人员。开凿运河的行为在长江中下游的楚国、吴国和越国等国非常频繁。仅吴国开凿的运河就多达 6 条。②当时受地域和技术条件的限制，所开凿的运河往往是利用长江中下游水网密布的特点，设法将运河与自然水道、湖泊相连，达到调节运河水量的目的，因此工程难度不大。

公元前 6 世纪初，楚国孙叔敖主持开凿云汉运河，使长江直通汉水，古称子胥渎，也称荆汉运河或扬水运河；吴国开凿了胥溪运河、胥浦运河、百尺渎运河、古江南渎运河和邗沟；越国开凿了山阴故水道；魏国开凿了以都城大梁为中心的鸿沟运河；齐国开凿了淄济运河；燕国开凿了燕下都运粮河；秦国开凿了成都平原郫江和检江运河。

① 无锡市水利局编. 无锡市水利志. 北京：中国水利水电出版社，2006：122.

② 嵇果煌. 中国三千年运河史. 北京：中国大百科全书出版社，2008：41.

二、秦汉至魏晋时期的运河

秦朝完成统一后，大力加强全国水陆交通建设。秦始皇为宣扬他统一天下之功，在 10 年内曾先后 5 次巡游全国，每次都有大批官员随从，由此可见当时全国水陆交通的发达程度。在水路方面，秦朝开凿了广西境内的灵渠，使湘江和漓江沟通，长江和珠江两大水系相连通，使中原到岭南可由水路通达，维护了全国政治统一，加强了南北经济和文化的交流。

西汉在汉武帝时期曾动用数万人工，对位于岭南北坡的褒、斜二水进行了艰苦卓绝的运道开发。汉成帝时期对黄河三门峡天险进行了史无前例的改造工程，其结果是岩石坠积河中，"水益湍怒，为害甚于故"。[①] 汉武帝时期还开通了关中地区长约 300 多里的漕渠，以代替弯曲多拐、水浅多沙的渭水，把它变成了从关东往长安运粮的主要通道。东汉时受国力所限，运河工程一方面主要表现在开挖地方性的水道上，如洛阳的阳渠、河北地区的蒲吾渠和漯水运道、西部地区的西汉水道等；另一方面主要为改造、利用前代运河。最为著名的是东汉末年陈登对古邗沟进行了裁弯取直的改建，为以后京杭大运河的开通奠定了基础。

魏晋南北朝时期，是我国大分裂大动荡时期，但是在运河开凿方面却成绩斐然。三国时期作为一代文韬武略的枭雄曹操开凿了睢阳渠、白沟、平虏渠、泉州渠和利漕渠。曹魏政权开凿的运河还有贾侯渠、讨虏渠、白马渠、鲁口渠、成国渠、戾陵堰和车箱渠。东吴政权将都城由京口迁往建业，为改善都城交通状况，开凿了破冈渎运河，还在城区开通了许多条短距离的运河，如运渎、青溪和潮沟等。两晋时期，开凿陕县运河，引河水注洛；浙东运河全线贯通；邗沟先后进行了两次改建；桓温开通了桓公沟；谢玄整治泗水运道吕梁洪险滩；谢安修造了邵伯埭；汴口石门得到重修；汴渠得到疏浚。北魏还开凿了永丰渠。

三、隋唐五代时期的运河

隋朝完成统一后，将都城定在了号称"八百里秦川"的关中平原，但其所产物资并不足以供给全国性政权的需要，必须从其他地区转运物资。因此，在汉朝漕渠故道基础上开凿了广通渠。工程开工于开皇四年（584 年），用时三个月完工，"引渭水经大兴城北，东至于潼关，漕运四百余里，关内赖之，外曰富民渠"。[②] 该渠既解决了漕运问题，又使漕渠两侧的农田得到灌溉，被称为

---

① ［东汉］班固.汉书.北京：中华书局，1962：1690.

② ［唐］魏征.隋书.北京：中华书局，1973：1469.

富民渠。后因避杨广讳，改称"永通渠"。

隋朝建立之初，南方还存在着陈朝政权。为举兵伐陈做准备，开皇七年（587年）隋文帝在春秋时期吴王夫差开凿的邗沟的基础上开凿了山阳渎。

隋文帝开皇年间还出现了一条虽短小却十分重要的运河——薛公丰兖渠。它起自兖州城东，向西横穿兖州城，延伸至济宁，长约六十里。该运河的开通，改变了山东兖州、济宁之间不通运河的局面，使济宁一带可通过水路南达淮河、海河。它成为后来元、明、清三朝大运河的山东段，是引导泗水接济运河水源的必由之路。

隋朝两位皇帝在位时间只有短暂的38年，但是在运河开凿方面却留下了彪炳史册的功勋。尤其是南北大运河的开通历史意义巨大。隋炀帝时同时进行了建都洛阳和开凿大运河两大工程。大运河的开通绝非他个人喜好，而是当时的形势所需。隋炀帝即位后，南方被征服的陈国并不太平，而北方的突厥和高丽又构成新的威胁。修凿大运河有利于加强对江南地区的控制。而北方长期饱经战乱，社会经济遭受严重破坏，虽经隋初的调整有所恢复和发展，但是此时南方已成为全国经济中心，大运河的开凿也有利于将江南的物资运往北方。更直接的原因就是有利于隋炀帝为发动北方战事做准备。隋朝开凿的大运河是在自然河和前朝已有运河的基础上进行大量补缺和连缀而成的。他先后开通了通济渠、邗沟和江南河和永济渠，使以洛阳为中心的长达2700多公里的南北大运河得以贯通。

隋炀帝乘船行于大运河

唐朝幅员辽阔，国力强盛，但是在运河开通方面的贡献却无法与隋朝相比。它在运河建设方面重点放在对已有运河的改建和疏浚。具体而言，唐朝对广通渠进行了重修和延长，对永济渠进行了改建和扩建，对汴渠进行了整治和改建，对江南河进行了整治和设堰，疏凿了嘉陵江上游的运道。

唐朝也开凿了一些运河，但大多是距离较短的地方性运河，如涟水新漕渠和湛渠、相思棣运河、丹灞线水陆联运漕路、伊娄河、开元新河、江汉线水陆联运漕路、天威遥运河。

五代时期战乱频仍，统治者往往穷兵黩武，政权存在非常短暂，往往还未来得及安定政权，稳定社会，发展生产，政权就已经被推翻。即使在这种情况下，有些朝代的统治者出于治国安民的需要或是军事需要，还是在运河建设方面做出了一定贡献。如后唐时期在幽州开通了东南河，后周时期整治了汴河、邗沟、蔡水、永济渠，新开了五丈渠运河。

四、宋辽金时期的运河

宋朝时鉴于汴河的特殊地位，加强了对汴河的治理。汴河即隋朝时的通济渠，它北起黄河，南通淮河，是北宋都城汴京的主要交通要道。由于汴河的水源来自黄河，泥沙量很大，造成了汴河泥沙淤积问题十分严重。北宋政府前期坚持岁浚制度，中期后由于不堪财政负担，改为了三年、五年一浚，结果汴河还是变为地上河。宋神宗时期推行导洛通汴工程，使这一局面得以扭转。元丰二年（1079 年）宋神宗任命宋用臣推行这一工程，仅用 45 天就使比较清澈的洛水引入汴河，取代了黄河作为水源，解决了汴河泥沙淤积的问题。清汴工程完成后，汴河航运条件大大改善，漕运量大大增加。当时确立汴京交通中心的地位的还有惠民河、广济渠与金水河三条河道。北宋开凿和整治以上4 条水道，形成了以汴京为中心的河运网，保证了汴京的经济和政治地位。

北宋建都汴京，都城中生活物资需依靠南方，每年有不少于七百万石的粮食和其他物资从南方通过长江运到扬州或真州（今江苏仪征市），然后由楚扬运河、汴河运到汴京。因此，北宋朝廷也十分注重对京杭大运河南方河道的管理，主要表现在对楚扬运河、江南河的改造。

此外，北宋朝廷还开凿了方城运河。方城运河，古称白河运河，起自南阳以北，向东北，经方城至叶县境内的石塘河。北宋朝廷曾两次开凿，但最终都未成功。

后来偏安南方一隅的南宋朝廷定都于临安（今杭州），长江三角洲一带成为京畿地区。因此对浙东运河、江南河的整治和改进不遗余力，也取得了显著的成就。尤其值得称道的是开辟了通向杭州的奉口运河，为元末江南河南段的改道创造了条件。

辽、金作为北方少数民族政权，都将都城定在了北京，将南方物资运输到都城，面临着通州至北京城没有自然河道可以利用的问题。为解决这一难题，辽朝开辟了萧太后运粮河，使船只从今天的天津可以直通北京。而金朝定都北京时，萧太后运粮河已经湮塞。金朝也不遗余力地修造这条水道，曾开凿过三次：第一次是开凿北郊运河，时间约为海陵王迁都中都前后，位置在中都北郊（今北京市德胜门外、安定门外迤东一线），后因水源不足而放弃；第二次是金口，开凿于金世宗大定十二年（1172年），沿中都城北护城河向东（大致在今北京市长安街以南的新文化街、西绒线胡同、北京火车站一线），改用卢沟河（也称浑河、永定河）为水源。后因卢沟河泥沙含量大，水量年度分布不均，容易暴涨暴落引起水患而放弃；第三次是中都闸河，开凿于章宗泰和五年（1205年），仍沿金口河线路，以玉泉水和高梁河为水源，沿途设闸，最终还是因水量不足，无法承担漕运任务。[①]

五、元朝时期的运河

元朝作为统一的大王朝，将都城由中原地区转移至北京，因此，元代的运河开凿适应这种变化，更加强了北方与南方的联系。元朝经营的京杭大运河是其重大的历史功绩。具体来说，元朝重开了金口运河，新开坝河、胶莱运河、济州河、会通河、通惠河。元朝末年张士诚割据江东十二年中，完成了对江南河南段的最后一次改道。

1215年，蒙古军攻破中都（后改为大都，今北京）。至正二年（1265年）为建都燕京，时任都水少监的郭守敬向元世祖建议重新开通中都至通州的金口运河，以解决当时漕运之需和营建都城及皇宫的物料。第二年工程完工，为大都和皇宫建设以及当时的漕运和灌溉都发挥了重要作用。后为防止浑河（永定河）水冲毁两岸村庄和农田，于成宗大德二年（1298年）关停使用。它成功转运32年，未见有河堤决口的记载，可见当时设计规划的水平。此外，至元二十九年（1292年）春又由郭守敬主持开凿了通惠河，改用白浮泉水源，修造白浮堰引水道，解决了通州至北京的漕运问题。通惠河的开凿标志着从杭州至大都，长约三千六百里的京杭大运河全线贯通。

金口运河开通后，江南的粮食通过运河和海运路线源源不断地运往通州，而通州到大都五十里的路程就成了运输的瓶颈。于是按照郭守敬"引玉泉水以通舟"的设想，在大都城西北的积水潭沿德胜门、安定门外护城河向东至和平里南口一带，再折向东北，沿今坝河东行至通州以北入温榆河修造了堰坝，称为坝河。坝河漕运量最兴盛时期在一百万至一百一十万石之间。

胶莱运河全长二百六十多里，是将山东半岛与大陆切断的人工水道，两端引海水，中间靠自然河流补给水量的人工水道，是至元十七年（1280年）元世祖根据姚演的建议，任命姚演和阿八

---

① 嵇果煌.中国三千年运河史.北京：中国大百科全书出版社，2008：996-1003.

赤负责修凿的，约于至元二十二年（1285年）完工，漕运量一度达六十万石，占当年漕运总量的60%，是海运的六倍，后来因元朝兴海运而被废止。

济州河是元世祖采纳右丞相伯颜"穿凿河渠，令四海之水相同"的建议而开凿的北起东平州的安山镇，南达济州的运河，后来成为了大运河的一段。

会通河于至元二十六年（1289年）根据寿张县尹韩仲晖、太史院令史边源的建议，由断事官忙速儿、礼部尚书张礼孙、兵部尚书李处巽负责开凿。它起于山东东平县安山西南，止于林清，长二百五十余里。

六、明朝时期的运河

明朝朱棣发动靖难之役后，将都城由南京迁往了北京，导致了国家政治中心与经济中心的分离，京杭大运河的地位变得非常重要。明朝自从明成祖开始营建北京宫殿之初，就开始了对大运河的治理和维护，并一直持续到明朝灭亡，大运河一直保持了全线畅通。

元朝虽然开通了首尾相连的会通河和济州河，形成了大运河长达380余里的山东段，但是由于水源不足，加上忽略了地势高低，使会通河经常因水浅而行舟困难，很难发挥实际效用。因此《明史·宋礼传》说"终元之世，海运为多"。明朝较之元朝对大运河的依赖程度更大，先后派宋礼和白英完成了筑坝引水、南旺分水、运道置闸等一系列工程，使瘫痪二十年后的会通河重新开通并投入使用。不久平江伯陈瑄又对淮扬运河进行了全面彻底的治理，解决了其瓶颈卡口颇多，往往需借湖行舟，风险很大，严重影响大运河畅通的难题。其直接结果是永乐三年（1405年）宣布罢海运、陆运，开始全部实行河运。

明初定都南京，每年要将苏南和浙北的粮食物资漕运到京师，原有的运输条件无法满足需求。为此，明朝在南京东南的畿辅地区开辟了一条从太湖直达南京的新运道，使苏南、浙北地区的漕船，既抄近路，避开长江，又方便、安全。此项工程包括对春秋时期吴国伍子胥开凿的运粮水道——胥溪运河的改造和开辟新的运河——胭脂河。当时工程非常艰巨，打通了南京东南的溧水县城十里外的一道由西北至东南走向，高约30米的胭脂冈，使石臼湖和秦淮河相连，而石臼湖本来就与胥溪运河相连，这样苏南、浙北地区的漕船可通过太湖、经胥溪运河、胭脂河、秦淮河进入京师。但是这条运河后来随着明成祖迁都北京而日渐衰落，逐步丧失了交通运输功能，之后多起泄洪的作用。

洪武二十五年（1392年）不仅对胥溪运河全线进行了疏浚和重点河段的拓宽，而且在关键位置建造了一座广通镇石闸，用以调控运河的水位和水量。与胭脂河不同，胥溪运河因与太湖以西、水阳以东广大地区的水路相关，一直以来都起着灌溉和泄洪的作用。明朝政府一直对它非常重视，对其不断进行整治、改造，并建造蓄水、排洪设施。

黄浦江是上海的母亲河。上游原是太湖泄水道东江的故道，中游河段原是东江下游入海线路被堵塞后漫流于当地的一些短小河道，下游河段则是太湖另一条泄水道吴淞江的小支流——上海浦。明永乐年间，为治理太湖流域的水患，将这些漫流的河道、淤塞的故道和短小的支流，经过精心规划、组合和改造，形成了二百二十七里长的黄浦江。

七、清朝时期的运河

清朝继元明两朝之后，定都北京，京杭大运河成为维系王朝生存的命脉。清朝也不遗余力地治理和维护大运河。其中最重大的事件有三：

一是康熙二十五年至康熙二十七年（1686—1688 年）间靳辅开凿了中运河。它起自宿迁以西的张庄口，经东骆马湖口，历桃源（今泗阳），至清河县城西、黄河北岸的仲庄运口，长 90 公里。它的开通结束了自元明以来，京杭大运河因借道黄河而多灾多难的历史，也缩短了运河航程。由此至北京通州的航行时间可提前一个月。

二是对清河口进行了综合治理。清河，即泗水，发源于山东，向南流经兖州、徐州，注入淮河。其与淮河交汇之处习惯上被称作清口，后明清时黄河与淮河交汇处也称作清口。因清口关乎运河航道上泗水、淮河、黄河三条河流。而且，明末清初，黄河下游淤积严重，泄洪受阻，致使清口上下，河堤、运堤频繁溃决，洪水横流，遍地成灾。洪水退后，则所经之处，无不淤积，清口至高邮间三百里运河为之瘫痪，因此成为治理的重点。靳辅在康熙十六年（1677 年）对黄河、淮河、运河三者进行了综合治理，费时十余年完成了清理清口至云梯关的入海通道，清理清口淤沙，加固加高洪泽湖大堤，改造运河穿越黄河的南北运口，填堵清水潭决口，整治清口至清水潭二百三十里运道等工程，取得了显著成效。

三是淮河入江工程。淮河在明朝以前是独自入海的。明朝万历年间，为避免淮水倒流，危及明祖陵，实施了分黄导淮的工程，开启了淮水入江的新途径。清朝在此基础上用了二百多年时间，截至道光年间，在淮扬运河以南建造了六河十坝，形成了导淮入江的水道网络，结束了持续约 700 多年的黄河夺淮入海的历史。后来太平天国运动爆发，清政府无暇顾及运河之事，淮河下游河道淤积，自然形成了入江路径，正式成为了长江的一条支流。[①]

① 嵇果煌 . 中国三千年运河史 . 北京：中国大百科全书出版社，2008：1283-1287.

第三节　历代漕运活动和管理

漕运，指我国古代政府将征集的粮食通过水路运输到指定地点的活动。它包括以下几层含义：一是它是古代政府的官方行为；二是运送的实物是政府征集而来的粮食，其用途主要为政府机构所需；三是运送的方式是水路，包括了自然河道、运河和海路。由于受特定时代的运输条件限制，也被迫通过一定距离的陆路来运输，即水陆联运，但是仍以水路为主。因此它和运河的关系密切。但是运河除了作为漕运通道外，很大程度上还承担着防洪、灌溉及其他实物的运输等职能。

一、先秦时代的漕运活动

作为官方行为的漕运由来已久。最早的漕运活动出现在春秋时期。据《左传·僖公十三年》记载，公元前647年，晋国发生饥荒，向与其隔河而居的秦国求援。秦穆公下令从秦国都城雍（今陕西凤翔）用庞大船队通过渭河、黄河、汾河运送几千吨粮食到晋国都城绛（今山西翼城东南），史称"泛舟之役"。除了灾荒之外，战争也是这一时期引发漕运活动的重要原因。兵马未动，粮草先行。修凿运河，运送兵粮往往成为备战的重要内容。如吴越争霸过程中，为运送兵粮，公元前486年吴王夫差开发邗沟，沟通长江和淮河：从扬州引入长江水经过樊梁湖、博芝湖、射阳湖到淮安入淮河，从水路调兵运粮。

这种运粮活动在这一时期或在更早的一段时间内都属于临时性的，原因主要在于进入阶级社会后，我国的奴隶制经济形式为井田制，劳动产品直接供给井田中心的奴隶主。政治上实行分封制和采邑制。官僚无需中央调拨俸禄物资。战时，他们则携带战争物资参战。这种制度决定最高统治者没有必要大规模的运送粮食。但是到了封建社会，随着中央集权和郡县制度的推行，情况发生了变化。秦始皇建立大一统政权后，实行中央集权，定都咸阳，产生了以首都为中心的庞大的官僚机构、国家豢养的庞大军事队伍和为其服务的商贾、工匠阶层。地方实行中央直接管辖为中央服务的郡县制，经济上推行租赋徭役制度。于是，将地方物资运送至中央就成为了一个不得不解决的问题。正是基于上述原因，我国古代的漕运制度和体系真正出现的朝代是秦朝，同时这也是我国古代历代统治者不遗余力修筑、维护和管理运河的主要原因。

二、秦朝至南北朝时期漕运

秦朝定都咸阳，虽然周边有关东平原和成都平原两大产粮区，但是并不能满足统一政权所在地中央政权机构和人员的需求。于是，秦朝充分利用咸阳附近的渭水、黄河和济水以及鸿沟、菏水，通过人工开凿使其有效地连成一个从其他产粮区向咸阳和军事驻地运粮的水运系统。与这种水运系统相适应的是相关的漕运机构和管理制度，秦朝在水运交通枢纽地区或运粮目的地设立了为漕运服务的仓库，如太仓、霸上、栎阳、敖仓、陈留仓、龙岩仓、成都仓等，并由此形成了粮仓管理制度，它是漕运制度的组成部分。

西汉王朝继续建都关中，汉初推行休养生息的黄老之策，统治者厉行节俭，每年从关东转运数十万石的漕粮即可满足所需。后来随着统治思想的转变，国家进入多事之秋，官员、皇室成员和军队的人数激增，对关东地区的漕粮需求量也随之激增。汉武帝时，每年从关东漕运粮食最高达 600 万石，这是通过开挖关中漕渠、整治鸿沟运河和增建粮仓等措施得以保障的。到了东汉时期，一方面尽力恢复前代漕运体系，另一方面新开凿从洛阳直通黄河的阳渠等，最终形成了西起洛阳，经阳渠，连接黄河、汴渠的新的漕运体系。

魏晋南北朝的政治分裂打破了全国性漕运体系，代之而起的是各个割据政权进行的小范围内的漕运活动。它们往往规模不大，临时性的占多数。其中曹魏政权先后围绕着都城邺城和洛阳所进行的漕运活动最引人注目。当时由于曹操的经营，邺城成为当时"运漕四通"的中心城市，南北漕船能够直接抵达邺城。定都洛阳后，漕船可从扬州直接抵达洛阳，同时曹魏政权还建立了小平、石门、白马津、漳涯、黑水、济州、陈郡、大梁等仓储，为漕运服务。

这一时期，南方建立了以南京为中心的漕运体系。东晋时期在南京附近沿江设置 10 座粮仓，使南京成为南方的政治经济文化中心。此外，漕运管理的专门管理机构——度支府在这一时期出现。地方漕运体系的建立和维持以及管理制度的发展，为隋唐时期全国性的漕运体系的重建及漕运管理制度的完善奠定了基础。

三、隋唐时期的漕运

隋朝伴随着大一统政权的建立完成了以洛阳为中心的全国运河网络和漕运体系，创造了贯通南北的漕运新时代。为转输和贮存储漕粮之便，隋朝统治者在运河枢纽之处和漕运目的地建立太仓、黎阳仓、河阳仓、广通仓、太原仓、含嘉仓、子罗仓、回洛仓和洛口仓等仓库，并设置监官负责管理各粮仓，派遣军队负责守卫。

隋朝享国日浅，但是它将全国性的漕运体系和较为成熟的漕运管理制度传给了它的后继者。"唐都长安，而关中号称沃野，然以其土地狭，所出不足以给京师，备水旱，故常转漕东南之粟。高祖、太宗之时，用物有节而易赡，水陆漕运，岁不过二十万石，故漕事简。自高宗以后，而功利繁兴，民亦罹其弊矣"。[①]但唐高宗之后，"岁益增多"，导致关中缺粮，甚至出现朝廷率领文武官员就食洛阳的局面。这一局面随着开元年间宰相裴耀卿负责漕运时提出并实施的分段运输法而得到改观。分段运输法就是设粮仓于漕河沿岸，水通则漕运，水浅则储仓以待。规定江船不入河，河船不入洛，诸仓之间递相转运。由此，漕运量大增。开元、天宝年间，漕运量保持每年200万~400万石。唐代漕运进入到一个新的发展期。后来长达八年的"安史之乱"打断了这一发展进程，漕运体系遭到严重破坏，京师漕粮匮乏。唐代宗任命户部侍郎、京兆尹兼度支盐铁转运使刘晏主持漕运，他在裴耀卿"分段运输法"基础上，创"转搬法"。首先，改民运为官运，改散运为袋装运输。其次，将漕船编"纲"由州县官充纲押运，"每船受千斛，十船为纲，每纲三百人，篙工五十"。最后，"即盐利顾佣"，以盐利漕，解决漕运经费问题。刘晏对漕运管理制度的改革取得显著成效，不仅使漕运畅通无阻，成功地完成了国家财政调拨的重任，"岁转粟百一十万石"，保障了唐代政府财政命脉的正常运转。而且"无升斗溺者"，"岁省十余万缗"。[②]但是唐宪宗元和以后，由于藩镇割据，江淮运道受到阻隔，每年漕粮运量下降到20万石甚至10余万石，其后"南北漕引皆绝"，唐王朝也随之衰落灭亡。

四、宋元时期的漕运

北宋建都汴京（今开封）后，逐步形成了以汴京为中心的严密而有效的漕运体系。北宋建立政权之初，"惩唐季五代藩镇之祸，蓄兵京师，以成强干弱支之势"[③]，将大量士兵部署在汴京附近，因此需要转运大量物资供养这些士兵。北宋初年，虽称"京师岁费有限，漕事尚简"，但仅开宝五年（972年）一年就从江淮运米"数十万石以给兵食"。

北宋时期有汴河、黄河、惠民河、广济河四条河流为漕运主线，其中"汴河所漕为多"。北宋的漕运量在整个封建时代是最大的。它由宋初的每年数十万石，"至道初，汴河运米五百八十万

---

①② 甘民重.历代食货志今译：旧唐书食货志　新唐书食货志.南昌：江西人民出版社，1987：243，247.

③ [元]脱脱，等.宋史.北京：中华书局，1977：4250-4251.

石。大中祥符初，至七百万石"。①

北宋时期不仅漕运量发达，而且漕运管理制度也有了长足的发展。首先，北宋改进了唐朝时期编纲运粮的组织，将30艘船编为一纲，每纲由三名管押管理负责，由发运司掌管。其次，为提高漕船运行效率，避免漕船阻滞，规定由江淮发送的贡赋，首先转运到真、楚、淮、泗四州的仓库，再调船入汴河以送京师。再次，北宋时期，关于漕运的法规制度详尽而完备，此前其他王朝实难望其项背。法规详细规定了漕粮从起运、停留、下卸转船，直到运至汴京，贮存至粮仓的各个环节。最后，北宋从中央到地方建立一整套漕运管理机构，中央主管部门为三司，内设使官、副官、判官和推官；地方漕运主管部门为转运司和发运司。这些充分说明了北宋漕运管理水平空前提高。此后，偏安一隅的南宋王朝充分利用南方水系发达的便利条件，形成了以临安为中心的漕运体系。每年由各地输往临安的漕粮继续保持在600万石左右，这为南宋王朝维持150年之久提供了坚实的物质保障。

元朝定都大都（今北京），远离江南地区的经济重心。元朝时期重新开通了京杭大运河，新开了海运航线，保证了都城的物资供应。元朝初年以河运为主，岁运漕粮200万～300万石，因无法满足需要，至元十九年（1282年）又开辟了从长江口的刘家港直航大沽的漕粮海运航道。终元之世，海运不罢。就两种运粮方式来看，元朝初期是陆运和河运兼而有之，但以河运为主；大运河开通后河运、海运并举；元朝末年以海运为主。海运其实为海运、河运联运，因为漕粮的进港与出港都需河运完成。就运粮方式的实施地区来看，一般地说，江西、湖广、江东之粟，依赖河运；浙西、浙东濒海一带，依赖海运。从漕粮运量来看，元代南粮北运数量每年约300万～400万石，最高年份达500万石以上；海漕运量高峰时可达350万石以上。

元代的漕运制度已相当完备，纲运分短运和长运。短运又分南段和北段。南段由昌城（今江苏丹阳境）驻军运至瓜洲，北段由汉军与新附军由瓜洲运至淮安。长运通常招募民船承运，由瓜洲起运，过淮安至运河北段，再由官船接运至大都，通常是招募民船。在漕政管理上，设江淮都漕司和京畿都漕司分段管理，江淮都漕司负责江南至瓜洲（今江苏六合）漕运事宜，京畿都漕司负责接收漕粮和中滦至大都的运道。二司于关键地段又设行司、分司，以求上下衔接。海运兴起后，又设都漕运万户府管理海运事务。②

---

① ［元］脱脱，等.宋史.北京：中华书局，1977：4250-4251.

② 王明德.论中国古代漕运体系发展的几个阶段.聊城大学学报（社会科学版），2008（3）.

五、明清时期的漕运

明、清两朝均是在前朝都城的基础上建立了自己的都城，这为继承和发展漕运体系提供了便利。明太祖时期主要实行海运，每年约有50万～60万石南粮北运。明成祖时期增加了河运的方式，岁运漕粮增加至100石左右。据记载，明初京师运粮没有定额，成化八年（1472年）始定400万石，便成了定额标准。北粮75.56万石，南粮324.44万石，其中兑运者330万石，由支运改兑者70万石。

明代河运分支运、兑运、长运三种方式。其演变过程是："自成祖迁燕，道里辽远，法凡三变。初支运，次兑运、支运相参，至支运悉变为长运而定制。"① 明朝初期，曾在天津、德州、临清、徐州、淮安设立5个转输漕粮的粮仓。后被撤销，改由运军将各省漕粮直接从兑粮州县运往京城。明代拥有一支近12万人的负责转运漕粮的卫所队伍，分隶于12总，直接受中央漕司管辖。这大概是中国漕运史上规模空前的漕运队伍。

淮安漕运总督府

明代开创的漕运体系在清朝时期得到继承和发展。清朝前期对运河河道进行了疏浚，也对漕运管理制度进行了一定程度的整顿，这是漕运在清朝能够较长时期保持兴盛的原因。清代的漕运管理中央由户部负责。地方上，在江苏淮安设漕运总督衙门官署，漕运总督总体负责漕运事务；

---

① [清]张廷玉.明史.北京：中华书局，1974：1915.

并在各省设置分管理地方漕政的粮道衙门；各州县也有相应的专管机构。随着清朝田赋改为以现银折纳后，每年实际运往北京的漕粮大约有 300 万石。这些漕粮由各省、府组成漕运船队，派遣领运千总一至二人，督领近万艘漕船和近 10 万人的运军，将漕粮运送至京城。清代晚期漕运日趋衰落。随着运河河道淤塞，以及漕运官吏的贪污和运兵借机对农民的搜刮，使漕运成为一大弊政。晚晴政府日薄西山，无力扭转颓势，漕运走到了历史的尽头。

第四节　治水新纪元

新中国成立后，我国治水事业进入新纪元。60 多年来新中国的治水成就震烁古今，令世界称叹。中华人民共和国成立之初毛主席先后发出"一定要把淮河修好"、"要把黄河的事情办好"、"一定要根治海河"等伟大号召，提出"南方水多，北方水少，如有可能，借点水来也是可以的"和长江三峡工程等伟大设想，为新中国水利事业的长远发展勾勒了宏图大计，指明了前进方向。当时，中央人民政府决定以防洪防旱、排水、灌溉为主要内容，开发水利，兴修水利，初步建立了防洪防旱工程体系、农业灌溉工程体系等。1978 年改革开放以后，国家更是加快了大江大河大湖的治理，解决了黄河、长江水患，修建了小浪底、三峡水利枢纽工程。

长江三峡工程

进入 21 世纪，为实现全面建成小康社会这一宏伟目标，为了解决北方水资源短缺的问题，南水北调工程启动建设。2014 年 12 月 12 日，中线一期工程正式通水运行。

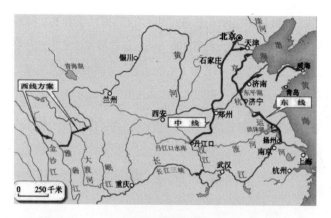

南水北调线路图

　　60 多年来，中国已经建立了比较完整的防洪、发电、蓄水、引水等防洪防旱减灾体系，不断建立和完善了水利应对突发事件的应急机制，有效应对了像 1998 年那样大规模的一系列的重大自然灾害，充分发挥政府的组织协调能力，有效减轻了水旱灾害带来的生命财产损失。中国农田水利基础设施建设和节水灌溉事业不断发展，水土保持生态建设持续推进，农业综合生产能力不断提升，农牧业生产和生态环境持续改善，"人水和谐成为现代水利的主旋律"。[①]

新中国成立后大运河旧貌换新颜

　　我国的一代代领导人和水利工作者充分继承和挖掘中国几千年来的治水经验和治水精神，加

---

① 张岳.新中国水利回顾与展望——水利辉煌 60 年.水利经济，2009（6）.

强保护、修缮和利用存留至今的水利工程。例如新中国成立后，国家随即着手大力整治运河，京杭大运河成为我国内河航运主干线之一。尤其是改革开放后，运河建设的步伐进一步加快。经过治理，今天从山东济宁到浙江杭州近900公里的京杭大运河航道得到了恢复和改善。2001年苏南运河货物运量达到1.16亿吨，相当于3～4条单线铁路的货运量，成为真正的"黄金水道"。[①] 大运河的整治使运河的运输功能得到一定程度的恢复，使我国历史上存在的运河文化找到了现实的物质载体，使运河文化在当下现实生活中的继承和发扬更加具备现实条件。

京杭大运河扬州段古代运河夜景

申遗成功后的大运河

---

① 董文虎，等．京杭大运河的历史与未来．北京：社会科学文献出版社，2008：27.

古代运河的功用是多方面的，今天的大运河同样在发挥着巨大作用，承担着灌溉、防洪、供水、旅游、生态保护等多种综合功能。这些功能的发挥赋予了京杭大运河新的生命，丰富和发展着运河文化新的时代内涵。随着大运河申遗成功，大运河的开发、利用、保护和研究将会进入新的时代，延续2000多年的悠久的运河文化必将随之焕发新的生机，进一步展现中国人追求梦想的美好未来。